水利概论

主编　杨文利
主审　王双银

黄河水利出版社
·郑州·

内 容 提 要

本书内容包括水循环与水危机、中国的水资源与水利发展、水旱灾害及防治、水污染及其防治、水土流失及其防治、水利法规、水利工程、水文化与水利精神等8章。

本书主要为非水利类专业开设水利概论课程使用,也可供社会上关心水利的人士了解水利使用。

图书在版编目(CIP)数据

水利概论/杨文利主编.—郑州:黄河水利出版社,2012.2

ISBN 978-7-5509-0204-6

Ⅰ.①水… Ⅱ.①杨… Ⅲ.①水利工程 Ⅳ.①TV

中国版本图书馆CIP数据核字(2012)第012077号

策划编辑:李洪良 电话:0371-66024331 E-mail:hongliang0013@163.com

出 版 社:黄河水利出版社

地址:河南省郑州市顺河路黄委会综合楼14层 邮政编码:450003

发行单位:黄河水利出版社

发行部电话:0371-66026940、66020550、66028024、66022620(传真)

E-mail:hhslcbs@126.com

承印单位:河南地质彩色印刷厂

开本:787 mm×1 092 mm 1/16

印张:10

字数:230千字 印数:1—6 100

版次:2012年2月第1版 印次:2012年2月第1次印刷

定价:25.00元

前　言

2011年中央一号文件明确指出："水是生命之源、生产之要、生态之基。兴水利、除水害，事关人类生存、经济发展、社会进步，历来是治国安邦的大事。促进经济长期平稳较快发展和社会和谐稳定，夺取全面建设小康社会新胜利，必须下决心加快水利发展，切实增强水利支撑保障能力，实现水资源可持续利用。""人多水少、水资源时空分布不均是我国的基本国情水情。洪涝灾害频繁仍然是中华民族的心腹大患，水资源供需矛盾突出仍然是可持续发展的主要瓶颈，农田水利建设滞后仍然是影响农业稳定发展和国家粮食安全的最大硬伤，水利设施薄弱仍然是国家基础设施的明显短板。随着工业化、城镇化深入发展，全球气候变化影响加大，我国水利面临的形势更趋严峻，增强防灾减灾能力要求越来越迫切，强化水资源节约保护工作越来越繁重，加快扭转农业主要'靠天吃饭'局面任务越来越艰巨。"

"加快水利改革发展，不仅事关农业农村发展，而且事关经济社会发展全局；不仅关系到防洪安全、供水安全、粮食安全，而且关系到经济安全、生态安全、国家安全。""要把水利工作摆上党和国家事业发展更加突出的位置，着力加快农田水利建设，推动水利实现跨越式发展。"

为了在广大青年学生中普及水利知识，使他们更好地了解我国的基本国情和水情，在非水利类专业中开设水利概论必修课非常有必要。本书就是基于此而编写的。

全书共分8章，主要介绍了自然界的水循环、全球水危机，中国水资源的状况，中国的水问题（洪涝灾害、干旱缺水、水污染和水土流失）及其防治，水利法规，以及水文化与水利精神等内容。

本书编写分工为：大纲由杨文利确定；第一章、第二章、第五章由杨文利编写；第三章、第四章、第七章由刘惠英编写；第六章、第八章由鲁向晖编写；全书由杨文利、鲁向晖统稿；杨文利对全书作了修改。

本书由西北农林科技大学王双银教授主审。王双银教授不仅在水利学科的各个方面有宽广而深厚的造诣，而且具有丰富的教学经验和教材编审经验。他认真而仔细地审阅了全书，提出了许多宝贵的修改意见，为全书增色不少。在此谨向他表示衷心的感谢。

由于编写水平有限，书中存在的缺点与不足在所难免，恳请读者批评指正。

作　者

2011年11月

目　录

第一章　水循环与水危机

第一节　自然界的水循环

水循环(water cycle)是地球上一个重要的自然过程,它通过降水、蒸散发、下渗、地表径流与地下径流等环节,将大气圈、水圈、岩石圈与生物圈联系起来,并在它们之间进行着水量和能量的交换。正是由于水循环,大气水、地表水、土壤水和地下水之间才能进行互相转化,形成不断更新的统一系统。也正是由于水循环作用,水资源才能够成为可再生资源,才能被人类及其他一切生物持续利用。

一、水循环现象

地球上的水以液态、固态和气态的形式分布于海洋、陆地、大气及生物体内,这些水体构成了地球的水圈。水圈中的水主要受太阳辐射和地心引力的作用而不停地运动,其主要的表现形式可以概括为降水、蒸发、径流和下渗四大类型,统称为水文现象。降水的形式有雨、雪、雾、霰、雹等,大气中的水汽凝结后以液态或固态的形式降落到地面的现象称为降水。蒸发则是水分子以水汽的形式从蒸发面逸出的现象,根据蒸发面的不同可分为植物蒸腾、土壤蒸发、水面蒸发、植物散发、冰雪蒸发等。径流是指由降水形成的,在重力作用下能够沿着一定的方向和路径流动的水流,一般分为地表径流和地下径流。下渗是指地表水经过土壤表面渗入土壤的过程,是地下径流形成的关键环节。

水循环现象如图 1-1 所示。水圈中的各种水体在太阳能和大气运动的驱动下,不断地从水面(江、河、湖、海等)、陆面(土壤、岩石等)和植物的茎叶表面,通过蒸发或散发以水汽形式进入大气圈。在适当的条件下,大气圈中的水汽可以凝结成小水滴,小水滴相互碰撞合并成大水滴,当凝结的水滴大到其重力能克服空气阻力时,就在地球引力的作用下,以降水的形式降落到地球表面。到达地球表面的降水,一部分在分子力、毛管力和重力的作用下通过地面渗入地下;一部分则形成地表径流,主要在重力作用下流入江河、湖泊,再汇入海洋;还有一部分通过蒸发和散发重新逸散到大气圈。渗入地下的那部分降水,或者被土壤颗粒吸收变成土壤水,再经蒸发或散发回到大气中,或者以地下水形式排入江河、湖泊,再汇入海洋。水圈中的各种水体在太阳辐射和地心引力作用下通过这种不断蒸发、水汽输送、凝结、降落、入渗、地表径流和地下径流的往复循环过程,称为水循环,又称水文循环或水分循环。太阳向宇宙空间辐射大量热能,在达到地球的总热量中约有 23% 消耗于海洋和陆地表面的水分蒸发。平均每年有 57.7 万 km^3 的水通过蒸发进入大气,通过降水又回到海洋和陆地。水循环的空间范围上达地面以上平均约 11 km 的对流层顶,下至地面以下平均约 1 km 深处。水以各种形式往返于大气、陆地和海洋之间。

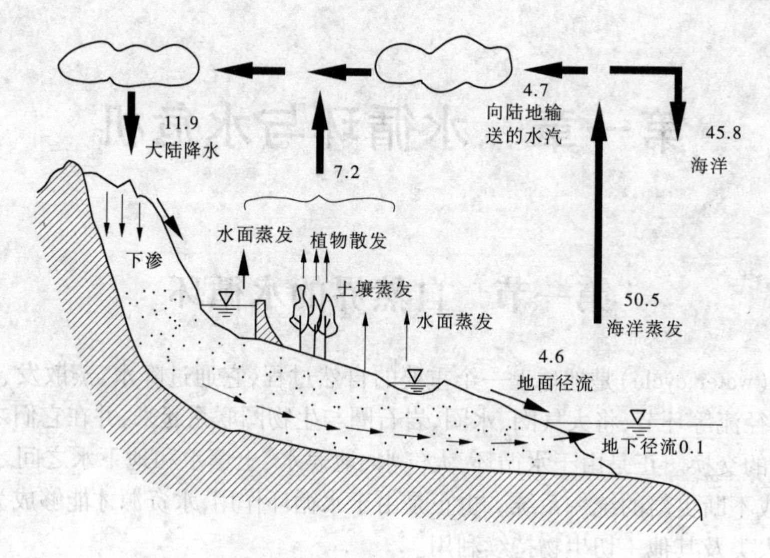

图 1-1　水循环示意图（图中数字的单位为万 km^3）

全球发生水循环的主要原因有二：一是水的“三态”变化，为内因，即水在常温下就能实现固态、液态和气态之间的相互转化而不发生化学变化；二是地心引力和太阳辐射，为外因。内因是根据，外因是条件，内因通过外因起作用。水循环的发生，以上两者缺一不可。

二、水循环的分类

按水循环过程的整体性与局部性，可把水循环分为大循环和小循环。从海洋蒸发的水汽，被气流输送到大陆上空形成降水，其中一部分以地表径流和地下径流的形式通过河流汇入海洋；另一部分重新蒸发返回大气。这种在海洋与陆地之间的水分交换过程，称为大循环或外循环。在大循环运动中，水分一方面在地面和大气中通过降水与蒸发进行纵向交换，另一方面通过河流与地下径流在海洋和陆地之间进行横向交换。海洋从空中向陆地输送大量水汽，陆地则通过河流与地下径流把水输送到海洋里。陆地也向海洋输送水汽，但与海洋向陆地输送的水汽相比，其量很少，约占海洋蒸发量的 8%。所以，海洋是陆地降水的主要水汽来源。海洋上蒸发的水汽在海洋上空凝结后，以降水的形式降落到海洋里，或陆地上的水经过蒸发或散发凝结后又落到陆地上，这种局部的水循环称为小循环或内循环。前者称为海洋小循环，后者称为陆地小循环。小循环主要是水分通过降水与蒸发进行纵向交换。此外，在陆地小循环中还有一类特殊的小循环，称为内陆水循环，它对内陆地区的降水有着重要的作用。因为内陆地区远离海洋，从海洋直接输送至内陆的水汽量有限，通过内陆局部地区的水循环，使水汽逐步向内陆输送，这是内陆地区主要的水汽来源。由于水汽在向内陆输送的过程中，沿途会逐渐损耗，故而内陆距离海洋越远，输送的水汽量越少，降水量越小。我国比较典型的内陆水循环有塔里木河流域、甘肃黑河流域以及青海格尔木河流域。

按水循环研究尺度的不同，又可以把水循环分为全球水循环、流域或区域水循环和水－土壤－植物系统水循环三种。全球水循环，即大循环，它是空间尺度最大的水循环，也是最完整的水循环，它涉及海洋、大气、陆地之间的相互作用，与全球气候变化关系密切。流域或区域水循环等同于流域降雨径流形成过程，以蓄满产流为例，降落到流域上的雨水，首先满足植物截留、填洼和下渗，剩余雨水形成地表径流、地下径流，汇入河网，再流至流域出口断面。流域或区域水循环的空间尺度一般在 1～1 000 km^2，相对于全球水循环而言，它是一类开放式的水循环。水－土壤－植物系统是由水分、土壤和植物构成的三者之间相互作用的系统，其特殊意义在于将水循环与植物系统联系起来。渗入土壤的降水会被植物根系吸收，在植物生理作用下通过茎、叶等输送维持植物的生命过程，并通过叶面散发到大气中；水－土壤－植物系统水循环也是一个开放式的循环系统。

三、水循环的作用与意义

水循环是地球上最重要、最活跃的物质循环之一，它对自然环境的形成、演化和人类的生存产生巨大的影响：①直接影响气候变化。通过蒸散发进入大气的水汽，是产生云、雨和闪电等现象的主要物质基础。蒸发产生水汽，水汽凝结成雨（冰、雪），吸收或放出大量潜能。空气中的水汽含量直接影响气候的干湿冷暖，调节地面气候。②改变地表形态。降水形成的径流，冲刷和侵蚀地表，形成沟壑；水流搬运大量泥沙，可淤积成冲积平原；渗入地下的水，溶解岩层中的物质，富集盐分，输入大海；易溶解的岩石受到水流强烈侵蚀和溶解作用，可形成岩溶地貌。③形成再生资源。水循环形成巨大的、可以重复使用的水资源，使人类获得永不枯竭的水源和能量，为一切生物提供不可缺少的水分；大气降水把天空中游离的氮素带到地表，滋养植物；陆地上的径流又把大量的有机质送入海洋，供养海洋生物；而海洋生物又是人类的食物和制造肥料的重要来源。同时，由水循环带来的旱涝灾害，也会给人类和生物造成威胁。

自然界水循环的存在，不仅是水资源和水能资源可再生的根本原因，而且是地球上生命生生不息、能千秋万代延续下去的重要原因之一。由于太阳能在地球上分布不均匀，而且时间上也有变化，因此主要由太阳能驱动的水文循环导致了地球上降水量和蒸发量的时空分布不均匀，这不仅是地球上有湿润地区和干旱地区的区别，而且是有多水季节和少水季节、多水年和少水年的区别，甚至是地球上发生洪、涝、旱灾害的根本原因，同时也是地球上具有千姿百态自然景观的重要条件之一。水文循环是自然界众多物质循环中最重要的物质循环。水是良好的溶剂，水流具有挟带物质的能力，因此自然界有许多物质，如泥沙、有机质和无机质均会以水作为载体，参与各种物质循环。可以设想，如果自然界不存在水文循环，则许多物质的循环，例如碳循环、磷循环等是不可能发生的。

四、我国的水循环路径

受自身地理位置及与海洋的相对位置关系、大气环流和季风的影响，我国水汽来源主要有太平洋、印度洋、大西洋、北冰洋和鄂霍次克海。基于此形成了我国特有的水文循环系统。

（一）太平洋水文循环

我国沿太平洋有相对长的海岸线。太平洋的黑潮暖流，流经我国东南沿海，暖流洋面温度较高,蒸发量大,洋面上的暖湿空气受到东南季风和台风的影响,大量向内陆输送。暖湿空气到达大陆后,又与西伯利亚冷气团相遇,成为华东、华北地区的主要降水。降水分布从东南向西北逐渐递减。我国的主要流域,如松花江、辽河、海河、黄河、淮河、长江、钱塘江、闽江、珠江以及台湾的河流,其水源主要来自该水循环的降水,所形成的径流最后又汇入太平洋。

(二)印度洋水文循环

印度洋是我国大陆降水的主要水汽来源之一。冬季有明显湿舌从孟加拉湾伸向我国的西南部,形成这一地区的冬季降水;夏季,由于印度洋低压的发展,盛行西南季风,把大量的水汽输送到我国西南、中南、华北以及河套以北地区,成为我国夏季的主要降水水汽来源。所形成的降水,一部分经西南地区的河流汇入印度洋,如雅鲁藏布江、怒江等;另一部分降水还参与太平洋的水循环。

(三)内陆水文循环

我国西北内陆地区的水循环主要为内陆水循环系统,虽然距离海洋较远,但由于高空西风盛行,地势平坦,仍有少量大西洋水汽于春季随气旋向东运行,参与内陆水循环。

(四)北冰洋水文循环

北冰洋水汽借助强盛的西北风随西伯利亚气团进入我国西北地区,当西伯利亚冷气团强盛时,也可深入我国腹地,因其水汽含量较少,引起的降水量不多。我国新疆北部的降水转变为额尔吉斯河径流汇入北冰洋,构成北冰洋水循环的一部分。

(五)鄂霍茨克海水文循环

鄂霍次克海与日本海的冷湿气团,在春夏之间由东北季风进入我国东北北部地区,降水后形成径流,经黑龙江注入鄂霍次克海。

此外,我国华南地区受热带辐合带的影响,可把南海的水汽输送到华南地区,形成降水后经珠江流入南海。

我国水循环的一个特征就是降水在空间分布上的不均匀性,表现为东多西少、南多北少,进而决定了我国水资源在空间分布上存在较大的差异。我国东南沿海地区年降水量在1 500 mm以上,长江流域年降水量约1 200 mm,华北地区年降水量在600~800 mm,而新疆的塔里木盆地年降水量在50 mm以下,甚至有些地方终年无雨。

五、人类活动对水循环的影响

随着国民经济的发展和人民生活水平的提高,人类对水资源的需求不断增长。虽然水文循环提供的水资源是可以再生的,但其数量毕竟有限。在工农业生产用水激增而水体污染日趋严重的情况下,水的供需矛盾日益尖锐,对水的改造活动也愈感迫切,采取的措施也就多种多样。在水利方面有水库、塘坝等蓄水工程,跨流域的调水、引水工程以及地下水开发等,农林牧方面有扩大灌溉面积,坡地改梯田,封山育林,植树造林,种植牧草等,其他还有城市化问题等。所有这些人类活动对水文循环和生态平衡都具有不同程度的影响,我们应发挥其积极有利的一面,预先估计到它的副作用,及早采取措施克服其消极的一面,以便更有效、合理地利用水资源。

由于人类活动,使得自然地理条件发生变化,从而导致水循环要素、过程、强度、水文情势等发生变化,进而使水量平衡也发生变化。人类活动对水文循环的影响归结为两大类:①与土地有关的人类活动。这类活动多属于对水文循环的直接影响,例如森林采伐、开荒耕种、放牧、兴修堤坝和水库、拦河引水、农田灌溉、工矿交通建筑、城市化等。这些活动均会改变陆地水文循环与水量平衡过程,其影响范围多是局地性的,但随时间逐渐扩展。②与影响气候变化有关的人类活动。土地利用的改变也常常会影响局地气候,如地表反射率的改变、大面积的水库和引水灌溉会改变地区的水分与热量条件。

(一)人类生产生活用水对水文循环的影响

人类为了满足生活和工农业生产的需要,把水从河流或地下含水层中直接取出。其中,一部分通过排水或下渗重新回到河流或地下含水层中,一部分通过蒸发和散发成为大气水,只有一小部分返回到当地水文循环系统,从而使该区域水循环各要素的量或质的时空分布直接发生变化,这种影响在旱区尤为突出。例如,我国新疆地区气候干旱,农作物需水迫切,农田灌溉大量引水,致使许多河流季节性断流。在黄河流域,因内蒙古河套地区大量引水灌溉,出现了河套流量比上游兰州流量小的反常现象。由于大量引水灌溉,河水大量引入农田,增大了陆面蒸发,减少了河川径流,造成黄河年径流量有逐年下降的趋势。同时,随着人口的增长,城市与工业的发展,生活与工业引水量日益加大,这些因素使用水量急剧增大,以致到20世纪末黄河这样的大河也发生了连续数年的断流现象。城市化进程改造了自然界的陆面性质,使水文循环条件发生改变,研究表明,城市化后降水量有所增加,降暴雨的概率增大,蒸发量减少,地表径流量显著增加。这些改变给城市带来了巨大影响,尤其对城市防洪提出了更严峻的考验。

(二)水利措施对水文循环的影响

1. 蓄水工程对水文循环的影响

为了满足人类的用水需求,人们在河流上兴建了大量的水库等蓄水工程,这些蓄水工程起到了拦蓄洪水、提高枯水径流的作用,还可改善河川径流的分配过程,使径流年内变化甚至年际变化趋向均匀,做到充分地利用河川水资源,这是有利的一面。另外,由于建库蓄水扩大了水面面积,总蒸发量增大,在一定程度上增强了陆地水文循环。由于这些工程在蓄水过程中改变了径流的运动条件,改变了水的温度状况以及水中微生物等生物的生存条件,也相应会引起水质的变化。

2. 引水、调水工程对水文循环的影响

跨流域调水改变了水循环的路径,同时也改变了水循环各要素之间的平衡关系,而对水循环产生很大影响。它不仅对调出区有影响,对调入区也有不可忽视的影响。例如,我国的南水北调工程,使长江流域水量减少,使黄河、淮河、海河流域水量增加,长江流域水量减少量相对有限,而黄河、淮河、海河流域水量增加比例相对较大。因此,南水北调工程对长江的影响,如是否会产生入海口区淡水退缩及咸水的入侵、河口侵蚀量增加等负面影响都亟待研究;对黄淮海调入区而言,调入水量将缓解调入区用水紧张程度,在一定程度上补充长期超采的地下水等方面都是有利的,但是否会显著改变调入区水循环状况还有待进一步论证。

第二节 自然界的水资源

水资源(water resources)是自然资源的一种,广义的水资源是指地球上水的总体,包括大气中的降水、河湖中的地表水、浅层和深层的地下水、冰川、海水等。狭义的水资源是指与生态环境保护和人类生存与发展密切相关的、可以利用而又逐年能够得到恢复和更新的淡水,其补给来源为大气降水。

地球是一个由岩石圈、水圈、大气圈和生物圈构成的巨大系统。水在这个系统中起着重要作用,有了水,地球各圈层之间的相互关系就变得十分密切。

存在于地球各圈层中的水可以分为地表水、地下水、大气水和生物水等四部分。地表水主要指存储于海洋、湖泊(水库)、河流、冰川、沼泽等水体中的水。地下水指存储于土壤和岩石孔隙、裂隙、洞穴、溶穴中的水。大气水主要指悬浮于大气中的水汽,也包括以液态和固态形式悬浮于大气中的水。生物水是指地球上一切生物体内的水。

一、地球上水的储量

根据联合国教科文组织1978年公布的资料(见表1-1),地球上水的总储量为13.86亿km^3。其中,地表水为136 225.4万km^3,占地球总水量的98.288 9%;地下水为2 340万km^3,占地球总水量的1.69%;生物水为0.112万km^3,占地球总水量的0.000 1%;大气水为1.29万km^3,占地球总水量的0.001%,其量虽小,却是各种水体中最活跃的,大气水因降水而减少,却又通过各种水体的蒸发而得到补充,保持着动态平衡。

全球地表水主要分海洋和陆地两大部分。其中,储存在海洋中的总水量为13.38亿km^3,占地球总水量的96.54%;而海洋面积占地球表面面积的71%,所以从太空看地球是蓝色的,且地球有“水的行星”之称。储存在陆地的总水量达2 425.4万km^3,占地球总水量的1.75%。陆地水中储存在湖泊、河流、沼泽、冰川及积雪中的淡水总量为2 416.869万km^3,占全球总水量的1.74%;其中分布在两极不能被人类直接开发利用的冰川积雪为2 406.41万km^3,占地球淡水总量的68.69%。由此可知,可被人类开发利用的淡水仅占地球总水量的0.007 5%。

从表1-1可知,分布在陆地上的水量为0.48亿km^3,占全球总水量的3.46%,其中淡水占2.53%。而分布在河流、湖泊及沼泽、地下水等水体中可被人类利用的淡水只占地球总水量的0.014%,且主要分布在地下水中。因此可知,地球是一个水量丰富的星球,同时对人类来说又是一个资源短缺的星球。可开发利用水资源的紧缺必然制约经济社会的发展和人类文明的进步,水资源的可持续开发利用已成为人类社会可持续发展的必要前提。

二、地球上水的分布

世界各大洲的自然条件不同,降水和径流的差异也较大。以年降水和年径流的深度计,大洋洲各岛(除澳大利亚外)水量最丰富,多年平均年降水深达2 170 mm,年径流深达1 500 mm以上。但大洋洲的澳大利亚大陆却是水量最少的地区,其年降水深只有460

表 1-1　地球上各种水体的储量

序号	水体总类		储量(万 km^3)	占总量的百分比(%)	占淡水的百分比(%)
1	海洋水		133 800	96.54	
2	地下水		2 340	1.69	
	其中	咸水	1 287	0.93	
		淡水	1 053	0.76	30.1
3	土壤水		1.65	0.001	0.05
4	冰川及永久积雪		2 406.41	1.74	68.69
5	永久冻土层		30.0	0.022	0.86
6	湖泊水		17.64	0.013	
	其中	咸水	8.54	0.006	
		淡水	9.10	0.007	0.26
7	沼泽水		1.147	0.000 8	0.003
8	河网水		0.212	0.000 2	0.006
9	生物水		0.112	0.000 1	0.003
10	大气水		1.29	0.001	0.04
总计			138 598.461	100	
其中　淡水			3 502.921	2.53	100

mm，年径流深只有 40 mm，有 2/3 的面积为荒漠和半荒漠。南美洲水量也较丰富，年降水深和年径流深均为全球陆面平均值的 2 倍。欧洲、亚洲和北美洲的年降水深和年径流深都接近全球陆面平均值，而非洲大陆则有大面积的大沙漠，气候炎热，虽年降水深接近全球陆面平均值，但年径流深却不及全球陆面平均值的 1/2。南极洲降水深虽然不多，只有全球陆面平均值的 20%，但全部降水以冰川的形态存储，总存储量相当于全球淡水总量的 62%。总体而言，世界上水资源量是够用的，但全球淡水资源分布极不平衡，约 65% 的水资源集中在不到 10 个国家。世界上年径流总量超过 1 万亿 m^3 的国家有巴西(6.95 万亿 m^3)、俄罗斯(4.27 万亿 m^3)、加拿大(3.12 万亿 m^3)、美国(3.06 万亿 m^3)、印度尼西亚(2.81 万亿 m^3)、中国(2.81 万亿 m^3)、印度(2.09 万亿 m^3)等 10 个国家。而约占世界人口总数 40% 的 80 个国家和地区却严重缺水，其中有近 30 个国家为严重缺水国，非洲占有 19 个，其中卡塔尔人均占有水量仅有 91 m^3，科威特为 95m^3，利比亚为 111 m^3，马耳他为 82 m^3，成为世界上四大缺水国。世界各大洲年降水及年径流分布如表 1-2 所示。

表1-2 世界各大洲年降水及年径流分布

洲名	面积（万 km^2）	年降水		年径流	
		mm	$\times 10^3\ km^3$	mm	$\times 10^3\ km^3$
亚洲	4 347.5	741	32.2	332	14.41
非洲	3 012.0	740	22.3	151	4.57
北美洲	2 420.0	756	18.3	339	8.20
南美洲	1 780.0	1 596	28.4	661	11.76
南极洲	1 398.0	165	2.31	165	2.31
欧洲	1 050.0	790	8.29	306	3.21
澳大利亚	761.5	456	3.47	39	0.30
大洋洲（各岛）	133.5	2 704	3.61	1 566	2.09
全球内陆	14 902.5	798	118.88	314	46.85

注：资料来源于《中国大百科全书》（水利卷），1992。

第三节 全球水危机

一、全球水危机概况

水资源缺乏、水生态环境恶化和因缺水引发的冲突是构成当代严重威胁人类生存与发展的水危机的三大方面。

（一）水资源缺乏

据联合国公布的数据，全球用水量在20世纪增加了6倍，其增长速度是人口增速的2倍。联合国教科文组织认为，目前地球上淡水资源总体充足，但分布不均，约65%的淡水资源集中在不到10个国家，而约占世界人口总数40%的80个国家和地区严重缺水。另外，由于管理不善、环境变化及基础设施投入不足等，全球约有1/5的人无法获得安全的饮用水，40%的人缺乏基本卫生设施。据统计，全世界有100多个国家和地区缺水，严重缺水的已达40多个。

《国际人口行动》提出的“可持续利用的水”（sustaining water）报告中，采用瑞典水文学者 Mailin Falkenmark 提出的水紧缺指标（water stress index，其中提出并为国际上一般承认的标准是人均水资源小于1 700 m^3 为用水紧张的国家），对全球人均水资源量变化趋势作了预测：如果人口不稳定下来，大多数用水紧张的国家将进入缺水国家的行列。水紧缺指标不是精确的界限。水的紧缺受到气候、经济发展水平、人口及其他因素影响，地区差别较大，并与节水和用水效率有关。据统计和预测，用水紧张或缺水国家及人口数为：

1990 年 28 个国家,3.35 亿人;2025 年 46 ~ 52 个国家,27.8 亿 ~ 32.9 亿人。

水也是造成大批"生态难民"的头号因素,已超过战争因素。伴随着河流流域水资源的危机而出现的"环境难民"在 1998 年达到 2 500 万人,第一次超过"战争难民"的人数。据预测,在 2025 年之前,因为水的原因而成为难民者将多达 1 亿人。另据专家估计,到 2025 年约有 30 亿人,即全球 1/3 的人没有足够的、干净的饮用水,他们中的很多人不得不挨饿,甚至有可能出现新的民族大迁移。

(二)水生态环境恶化

在人口增加、经济社会发展以及水资源消耗量剧增的同时,有限的水资源受到严重污染,水资源可利用量越来越少。

世界水资源委员会发表的报告指出,全世界有一半以上的大河已被污染,目前世界上只有两条大河可以被归入健康河流之列,这两条河流是南美洲的亚马孙河和位于非洲撒哈拉南部的刚果河。不仅地表水,地下水的污染也十分严重。地下水资源污染严重,而全球的液态淡水有 97% 是储存在地下水层中的,地下水是液态淡水最重要的形态,其遭受的污染通常不可逆转,不易发现且难以自净,因为地下水的循环周期为 1 400 年,与之相对应的是河水只需 16 天就能循环一次。

由于水生态环境恶化,世界的淡水系统退化非常严重,其支持人类、植物和动物生存的能力处于危险中,结果使许多淡水物种面临着数量迅速减少或灭绝的命运,而不断增加的人口也将面临水短缺问题。世界上已知的 1 万种淡水鱼中,在最近的几十年来已有 20% 的鱼种消失或处于将要灭绝的危险之中。

(三)缺水引发国际冲突

20 世纪是石油的世纪,大国一直在围绕石油展开争夺,而 21 世纪将是水的世纪,因为随着人口的增长,水资源将严重不足,"水之争"也将愈演愈烈。联合国的一份报告指出,50 年后水将比金子还贵,比石油更具有战略意义。如果邻国盗用本国的水资源,有关国家将不惜动用武力。北约和美国安全机构多年来已把水看做是影响安全问题的风险因素。所以,世界水资源委员会主席萨拉杰丁说,水土资源状况严重恶化不能仅仅看做是一个环境问题,而更应看做是一个关系各国能否持续发展的关键问题。这些结论的得出都是基于这样一个基本事实,即世界水荒愈演愈烈,人类面临生存危机。

在世界军事史上,曾经有过"以水为兵"、"水攻"的许多战例,也有过为争夺水源而发生的战争。近现代水资源矛盾日益加剧,为水而战的情况时有发生。世界有 300 多条河流穿越一些国家的边界,世界人口的 40% 生活在那里。由供水而引起的纠纷使 140 个地区出现紧张局势,国际社会对此十分关心。联合国有关组织根据世界水资源情况发出警告:21 世纪的战争,很可能是以争夺水资源为主的战争。

在过去 50 年中,世界由水而引发的冲突共 507 起,其中 37 起是跨国境的暴力纷争,21 起演变为军事冲突,因水而起的用水条约共签署了 200 个。

争夺水资源已经并继续成为许多国际冲突的焦点,未来的许多战争将因水而起,"战争难民"也将增加。

二、全球水危机的主要原因

(一)用水量急剧增加是导致全球水危机的主要原因

1949～1990年,全球人口从23亿人增长到53亿人,增长了1倍多,但人均用水量从400 m^3/a 增加到800 m^3/a,也增加了1倍,因此全球用水量增加了4倍。据估算,到2050年,世界人口可能超过100亿人,鉴于全世界每年实际可重复利用的水资源仅为1 400～9 000 km^3,这就意味着全世界的用水量要想再翻两番是不可能的。

(二)水质污染和用水浪费

世界人口增长、城市化发展和工农业生产规模的扩大,在大量消耗淡水的同时,又污染了有限的淡水资源,恶化了人类的生存环境。据联合国有关机构统计,全世界每年有多达上千万吨的 Se_2O_3 等有害物质污染着全球的江河湖海。全球1/10的河流受到不同程度的污染。发展中国家的城市所产生的工业和人类废弃物,仅有5%左右得到处理,其余的废物(包括工业产生的有毒和危险的副产品)大多随处弃置,从而对土壤、河流和地下水造成了严重污染,使大量淡水无法利用。另外,农业灌溉用水的有效利用率不到50%、工业用水重复利用率低、城市供水系统渗漏等问题也造成了淡水资源的很大浪费,加剧了水资源的短缺。

(三)城市用水集中,水资源供给由农村不断向城市集中

人口城市化是现代社会发展的重要趋势之一。据联合国预测,世界城市人口占总人口的比例,将从1950年的25%增加到2050年的60%。城市生活用水量比农村大很多,城市化的结果使水资源消耗不断向城市集中,改变了水资源供需的区域布局,导致某些地区的供水和卫生状况更加恶化。

(四)森林植被减少

世界许多地区都存在对森林的乱砍滥伐现象,据世界观察研究所1998年4月估算,全世界每年至少有1 600万 hm^2 天然林被夷为平地。目前,赤道圈内的雨林已减少了32%以上,西欧自罗马帝国时代以来2/3的天然森林已经消失,非洲在过去100年间森林减少一半以上,而"地球之肺"亚马孙地区,仅仅在过去10多年就毁掉了40万 hm^2 的森林。大片森林丧失,使得自然界气候调节能力降低,引起土壤侵蚀,削弱了涵养水源的功能,加重了水旱灾害,对生态和水环境造成灾难性影响。

(五)水资源管理分割

一些国家已经认识到在国际河流、湖泊和地下水的管理上必须通力合作,但仍有很多国家不接受国际社会制定的各种约束和规定,造成水资源管理的分割。这些国家以本国的利益为目的,不计后果地过度开发、利用和污染地表水与地下水,加剧了另外一些地区的水危机。

联合国教科文组织在最新公布的《世界水资源开发报告》中认为,导致目前全球水危机的主要原因是管理不善。主要存在的问题有以下几个方面。

1. 水资源浪费严重

世界许多地方因管道和渠沟泄漏及非法连接,有多达30%～40%甚至更多的水被白白浪费掉了。

2. 发展中国家水资源开发能力不足

水是创造能源的重要资源。欧洲开发利用了75%的水力资源。然而在非洲,水力资源开发率很低,60%的人还用不上电。

3. 用于水资源的财政投入滞后

近年来用于水务部门的官方发展援助平均每年约为30亿美元,世界银行等金融机构还会提供15亿美元的非减让性贷款,但只有12%的资金用在了最需要帮助的人身上,用于制定水资源政策、规划和方案的援助资金仅占10%。

联合国教科文组织教科文组织在《世界水资源开发报告》(第2版)中指出,全球水资源危机基本上可以说是一场公共管理体系的危机,这个体系"决定了哪些人、在什么时候、通过何种方式、能够得到什么样的水,并且决定了哪些人有权得到水资源以及相关服务"。

三、国际社会关注全球水危机

全球水危机已经引起了国际社会的广泛关注,国际社会也开始采取行动。早在1972年,联合国第一次环境与发展大会就指出:"继石油危机之后,下一个危机是水"。

1977年,联合国召开世界水会议,要求把解决水资源短缺问题提到全球战略高度考虑。大会通过的《世界淡水资源综合评价报告》中提出警告:若不采取适当措施,2050年全球2/3的人口将缺乏淡水资源,并将危害经济、农业、生态环境,造成公共卫生和粮食供应危机。

1988年,世界环境与发展委员会(WECD)提出的一份报告中指出:"水资源正在取代石油而成为全世界引起危机的主要问题。"1998年,联合国教科文组织总部召开"水与可持续发展"国际会议,围绕全球淡水资源开发及管理存在的问题,提出2000~2010年的"优先行动计划"。该计划主要包括三个部分:①改善淡水资源使用情况信息的收集,促进淡水资源信息的国际合作,以便进行持久管理;②强调淡水资源管理立法,提高水资源管理机构和管理人员的能力;③制定淡水资源可持续管理战略及财务计划。

为了水资源的可持续利用,必须维护流域生态系统的健康运行,国际上提出社会经济用水量不得超过河流总水量的40%。

1991年,国际水资源协会(IWRA)召开的第七届世界水资源大会提出"在干旱或半干旱地区国际河流和其他水源地的使用权可能成为两国间战争的导火线"的警告。

1992年,联合国在爱尔兰首都都柏林召开"水与环境"国际会议,提出水资源综合开发和管理的四大原则:①要把发展人类社会和经济,以及保护人类赖以生存的自然生态系统视为一个整体,而水则是维持一切生命的基础,应当遵循现在的生态系统;②水资源的开发和管理及其工作安排应该重视公众参与;③确认妇女在管理水和保护水方面的关键作用;④水资源应该作为有经济价值的商品来管理。同年,联合国在巴西里约热内卢召开"环境与发展"大会,通过并签署了《21世纪议程》,其中水资源开发、管理和利用的综合办法中提到:"淡水是一种有限资源,不仅为维持地球上的一切生命所必需,且对一切社会经济部门都具有生死攸关的重要意义。"

2000年3月在荷兰海牙召开了第二届世界水论坛部长级会议,来自165个国家和地区的代表承诺，在 2015 年以前将无法得到洁净水的、没有适当卫生条件的人数减少一半。与会代表签字承诺，要推进在使用边界水资源方面的和平合作，并努力建立起既能反映全部成本又考虑穷人需要的用水收费制度，并表示支持联合国制定的一套方法来衡量在实现上述目标方面取得的进展。会议通过了《海牙宣言》，并确定了今后数年国际水理事会的行动目标。

2001 年 7 月，在荷兰阿姆斯特丹由国际地圈生物圈计划（IGBP）、国际人文计划（IHDP）和世界气候研究计划（WCRP）联合举办的“全球变化科学大会”，以及 2001 年在荷兰马斯特里举办的第六届国际水文科学大会，均提出“变化环境下的水资源形成与演化规律”和“变化环境下水文循环”观点，并成为 21 世纪水科学研究的热点。

2002 年 9 月在中国北京召开了“变化环境下水资源脆弱性国际学术研讨会”，会上就“变化环境下的水循环、水资源的可再生性、水资源脆弱性评价的理论和方法”等方面进行了讨论和交流。

四、各国对水危机的主要对策

（一）控制人口增长

20 世纪末，全球人口 60 亿时，许多地区出现了水危机，2050 年全球人口达 100 亿时，人类将面临全球性水资源短缺的灾害。控制人口增长可缓解对水资源的需求压力。

（二）重新评价水的经济价值

把水资源视做具有经济价值的稀缺资源来管理，实现以“水价制量”的水价政策，促进社会节约用水。

合理的用水价格有利于鼓励保护水资源、制止浪费，有助于鼓励采取合适的技术措施和水的再利用，鼓励按科学方法用水。水的价格在很多国家，特别是在一些发展中国家被定得很低，有的甚至是免费使用，这是造成水资源浪费严重的重要根源。所以，要通过合理的价格让人们知道水是一种商品，而且将成为一种珍贵商品，而不是像空气一样的“免费物品”。确定合理的用水价格还意味着取消各种用水补贴，补贴也是各种浪费水行为的根源之一。世界水事委员会建议，致使浪费的普遍用水补贴应该取消，代之以能使投资取得可观收益的水费，而以个别补贴帮助穷人。坚持“污染者缴费，使用者缴费”的原则。对贫困人口的帮助应该明确目标，而不是向所有人都发补贴。

（三）大力推广节水技术

发展节水和合理用水科技，全面改进传统的工农业用水方式，调整产业结构，提高用水效率，这是世界水资源管理的重要发展趋势。

技术开发对合理用水具有至关重要的意义。生产 1 kg 纸张就需要用水 200 L，但先进的系统能使这一数字降至 40 L。在灌溉时 60% 的水是通过喷灌设备蒸发掉了，但地下滴灌的做法却可以使水的利用率提高到 95% 以上。人类亟待改进的用水技术很多，例如，在农业灌溉方面，可以通过改进灌溉技术、强制缩减用于灌溉的水量等措施来减少灌溉方面的浪费。

（四）废污水资源化，洪水资源化

城市处理废污水，用于工业循环用水，既可减少淡水的消耗，又可保护环境，逐步做到工业用水零增长。此外,对高浓度污水进行处理,用于农业灌溉,成为各国农业灌溉的又一发展趋势。

洪水资源化,就是要利用洪水自身有利的一面,通过综合治理手段,依靠对洪水资源的科学分配调度,实现洪水向资源的转化;通过洪水从水资源丰沛地区或相对过剩地区向水资源缺少地区的转移,提高洪水的经济价值,促进社会经济的持续发展。

(五)开辟水源,海水淡化

海水淡化是开拓人类新水源的重要途径。在地球上,97%的水来自海洋,而全球人口的70%居住在离大海不到80 km的地方,所以海水淡化如今已被看做未来解决水问题的途径。技术上的一些改进已使海水淡化显示出光明的前景。

目前全球已有1.5万余座海水淡化厂,其中中东国家的海水利用发展最快,已能满足当地居民近2/3的生活用水需要。

(六)加强水资源管理的国际合作

大多数与水量和水质有关的问题特别是国际河流和国界河流,需要各国政府加强对话,广泛考虑社会生态和经济因素以及各种需要,达成共识,采取一些国家和地区之间的联合行动,保证水资源更为合理地分配。

世界水事委员会建议,通过建立用户委员会,使水资源使用者同政府一样拥有发言权,并设立水资源创新基金,以鼓励人们为水资源的利用提供建设性意见,彻底改革解决水资源拥有权和使用权纠纷的机制,从法律和制度方面加强对全球水资源的保护。各国都应遵守有关水资源利用方面的国际公约,对水资源统筹利用,从生态角度考虑使用水资源的问题,遵循“有偿使用”的原则,以此促进经济发展。

第二章　中国的水资源与水利发展

洪涝灾害、干旱缺水、水土流失和水环境恶化是中国的四大水问题。这四大问题都是由我国特有的自然环境及水资源分布状况所决定的。

第一节　中国自然环境基本特征

一、地理纬度跨度大

中国边界顶端位置：北起黑龙江省漠河以北的黑龙江主航道的中心线（北纬53°31′），南至南海南沙群岛的曾母暗沙（北纬4°15′），西起新疆维吾尔自治区乌恰县以西的帕米尔高原（东经73°附近），东至黑龙江省抚远县境内黑龙江与乌苏里江主航道汇合处（东经135°多）。南北相距5 500 km，跨纬度49°16′；东西相距5 200 km，跨经度约62°。

二、地形复杂，高原、山地和丘陵占有很大比重

中国地形高度悬殊，珠穆朗玛峰海拔8 844.43 m，新疆艾丁湖却低于海平面154 m，整个地势西高东低。如贺兰山、龙门山、巫山到哀牢山一线西部地形高度较大，东部则较小。中国地形可分为三级阶梯（见图2-1）。

第一级阶梯：青藏高原，海拔4 000 m以上，高原上岭谷并列、湖泊众多、雪峰连亘，主要山脉是昆仑山，还有阿尔金山、祁连山、唐古拉山、冈底斯山、喜马拉雅山和横断山一部分。高原上空气稀薄、降水较少，高原边缘降水较多。

第二阶梯：青藏高原以北及川东，海拔1 000～2 000 m，由内蒙古高原、黄土高原、云贵高原和阿尔泰山、大兴安岭和太行山等山脉组成，高原之间有准噶尔盆地、塔里木盆地、柴达木盆地和四川盆地等。夏季风北缘可深入该阶梯上空，降水量明显增多。

第三阶梯：大兴安岭、太行山、巫山及云贵高原东缘以东直至海滨，丘陵与平原交错分布，大部分山丘的海拔在1 000 m以下，滨海平原如东北平原、华北平原、长江中下游平原及珠江三角洲平原海拔在50 m以下。该区夏季风活动频繁，降水量充沛。该区以东还包括沿海众多岛屿，最大者为台湾岛，降水量为全国之冠，该岛东侧为陡斜大陆坡，直下降到－4 000 m以下的太平洋深海。

从大兴安岭西麓起，沿东北—西南向，经阴山、贺兰山、祁连山、巴颜喀拉山、唐古拉山、冈底斯山，直至我国西南端国境，为我国河流外流区和内流区的分界线。此线以东、以南，均为外流河，分别流入太平洋和印度洋；此线以西、以北，除额尔齐斯河经俄罗斯流入北冰洋外，其余均属内流河。

中国地形复杂，山地面积占全国面积的33%，高原面积占全国面积的26%，丘陵面积占全国面积的10%，盆地面积占全国面积的19%，平原面积占全国面积的12%。

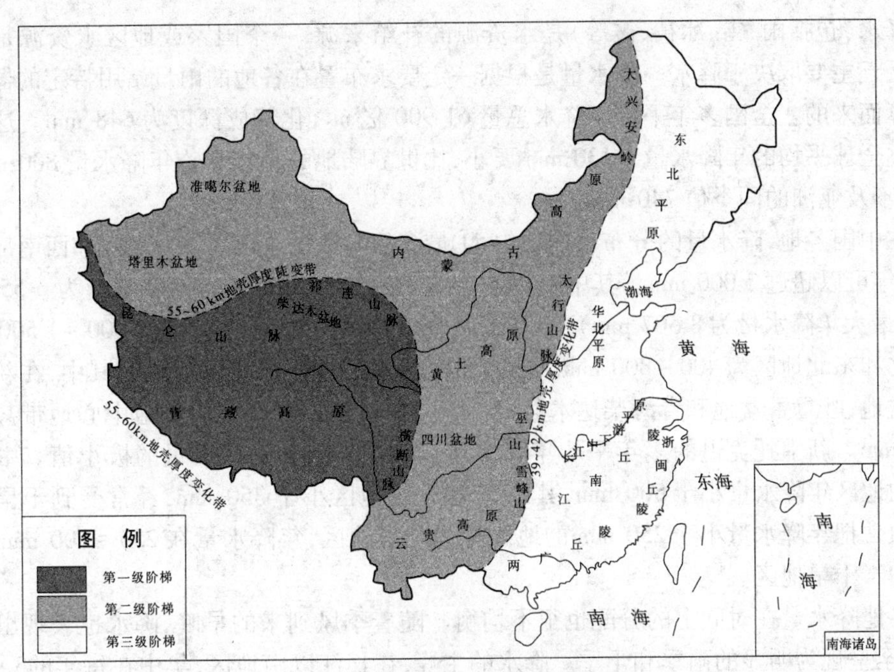

图 2-1　中国地势三大阶梯示意图

中国山脉按走向可分为东西向、东北西南向及南北向三大类,山脉的分布影响水汽输送,使我国降水分布具有大尺度的带状分布的特点。

三、季风气候明显,雨热同期,气候复杂多样

夏季,全国大部分地区盛行东南和西南季风,来自太平洋上空的东南季风和来自印度洋及我国南海上空的西南季风为我国上空带来了丰富的水汽,受其影响,我国大部分地区进入雨季;西北内陆地区因远离海洋以及受高山、高原的阻挡,季风难以深入,降水偏少,为干旱和半干旱区。

冬季,我国大部分地区受来自欧亚大陆的冷气流控制,全国盛行西北风,来自西伯利亚的寒流可长驱直入长江以南。北方雨雪稀少,寒冷干燥;南方雨水也较少。

东部季风区在年内受西太平洋副热带高压线的西伸、东退、北进和南撤的影响,南北雨季也随之变化。

第二节　中国水资源及分布状况

一、中国水资源概况

(一)中国的降水和蒸发

中国地处北半球亚欧大陆的东部,东南濒临世界最大的海洋——太平洋,是世界上季风最显著的国家之一,东南季风和西南季风决定了中国气候,加之地形西高东低,因而形成夏秋湿润多雨、冬季寒冷干燥,东南沿海地区多雨、西北地区干旱的基本特点。

降水(包括雨、雪、冰雹、霰等)是水资源的补给来源,一个国家或地区水资源是丰富还是匮乏主要取决于降水。降水量是根据一定要求布置在各地的雨量站用特定的器具观测计算而来的。全国多年平均年降水总量61 900亿 m^3,化算成深度为648 mm。这一数量远比全球平均的年降水量1 130 mm要小,比世界陆地的多年平均年降水量800 mm要小,也不及亚洲的同类值740 mm。

在中国各地,降水量的分布很不均匀:①最多的降水量在东南沿海地区和西南部分地区,每年可以超过2 000 mm。其中台湾省台北市火烧寮多年平均年降水量为6 558 mm(记录最大年降水量为8 507 mm),为降水量的最大值。②长江流域为1 000~1 500 mm。③华北和东北地区为400~800 mm。④西北内陆地区一般不到200 mm。其中,在新疆塔里木盆地、吐鲁番盆地和青海柴达木盆地,年降水量仅为50 mm,其盆地中心地带甚至小于25 mm。新疆托克逊的多年平均年降水量仅为3.9 mm,是降水量的极小值。中国有60%的地区年降水量小于500 mm,其中有40%的地区小于350 mm,经常受到干旱的威胁。通常把年降水量小于250 mm的地区称为干旱地区,年降水量在250~500 mm的地区称为半干旱地区。

各地降水量在时间上的分配也很不均衡。随着季风到来的早晚,降水也表现出季节性,甚至呈现为明显的雨季和干季。降水的主峰,在长江以南地区,集中在每年的3~6月或4~7月,此4个月的降水量可占到全年总量的50%~60%。华北和东北地区雨季在6~9月,其降水量可占全年总量的70%~80%。西南地区5~10月为雨季,四川、云南和青藏高原东部,6~9月的雨量占全年的70%~80%。新疆的西部和北部在大西洋与北冰洋水汽影响下,降水量虽然不多,但是在一年之内却比较均匀。专家们把中国的降水划分为许多类型,见图2-2。降水在历年的变化(称为年际变化)也是突出的,尤其是在总降水量不多的地区和降水较少的季节里。例如,云南昆明最大与最小年降水量的比值为1.9,黑龙江哈尔滨的比值为3.0,而甘肃敦煌的比值为16.5。降水量在时间和年际的变化是客观规律,但是这些变化或称不稳定性,给人类用水带来许多麻烦、困难,甚至造成特大洪水、特大干旱等严重的水旱灾害。

蒸发是液态水变成气态水逸入大气中的一种现象。有多种多样的蒸发:蒸发面是水面的称为水面蒸发,蒸发面是裸露土的称为土壤蒸发,蒸发面是植物茎、叶的称为植物散发。对于流域而言,这几种蒸发都有,统称为流域蒸发,也称陆面蒸发。其实蒸发随时随地在进行着,即使是雨滴在降落时也有蒸发。蒸发是自然界水循环的重要一环,但是在降水形成径流的过程中,是支出项,是一种损失项,因此值得研究和注意。同时,蒸发要消耗热量,抑制蒸发就可以保温,农作物的生长有时须考虑这方面的措施。和降水量一样,蒸发量也是通过观测和计算得到的。蒸发的快慢、蒸发量的大小,与当地的气温、风速和空气的湿度都有关系。

中国多年平均年水面蒸发量最高值为2 600 mm,最低值为400 mm。长江流域的大部分地区、华北平原地区南部、东北平原的大部分地区,水面蒸发量为800~1 500 mm。年陆面蒸发量的分布情况,大致与降水相似,东南部高,西北部低,呈递减态势。西北地区和青藏高原的年陆面蒸发量在300 mm以下,海河流域、黄河中下游和东北大部分地区为500 mm,淮河以南、云贵高原以东为700~800 mm。

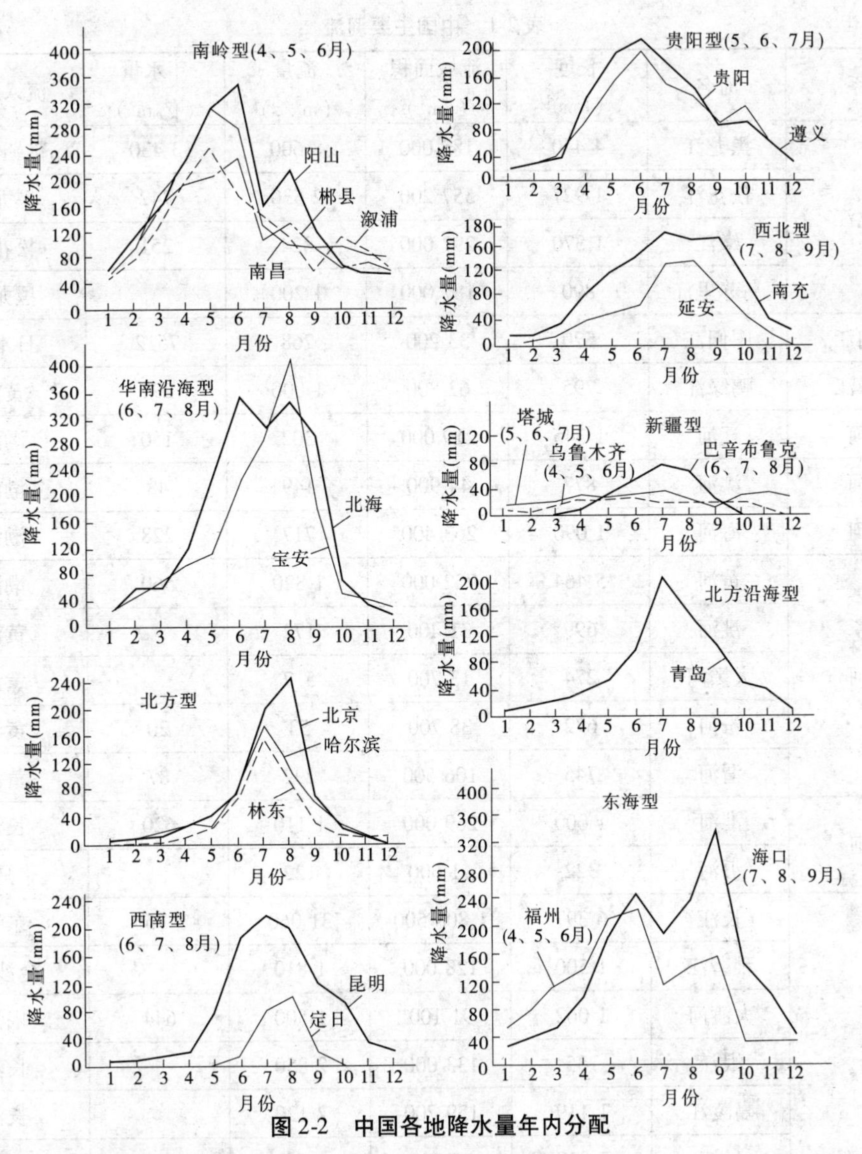

图 2-2　中国各地降水量年内分配

(二) 中国河流、湖泊、冰川的分布

据统计，中国河流的总长度约为 42 万 km，流域面积超过 100 km² 的河流达 5 万多条，流域面积超过 1 000 km² 的河流也有 1 500 多条。从大兴安岭西麓沿阴山、贺兰山、祁连山、巴颜喀拉山、念青唐古拉山、冈底斯山，直至西边国界连起一条线，此线东南的河流为外流河，河水直接流入海洋。此线西北的河流，除额尔齐斯河(属于外流河，流入北冰洋)外，均为内陆河，河水不与海洋沟通。外流区约占全国面积的 2/3，河流分别流入太平洋、印度洋和北冰洋。有一些河流，例如东北的黑龙江及其支流乌苏里江、图们江、鸭绿江，西北的额尔齐斯河、伊犁河，西南的雅鲁藏布江、怒江、澜沧江、元江等，都属于国际性河流，或以河为国界，或上游在中国，下游在别的国家。中国主要河流情况见表 2-1，中国主要湖泊情况见表 2-2。

表 2-1　中国主要河流

河系	河名	长度（km）	流域面积（km²）	流量（m³/s）	年水量（亿 m³）	流入水域
黑龙江	黑龙江	4 440	185 000	8 600	3 430	鞑靼海峡
	松花江	1 927	557 200	2 530	742	黑龙江
	嫩江	1 370	297 000	824	251	松花江
	乌苏里江	890	187 000	1 200		黑龙江
图们江	图们江	520	33 200	268	75.2	日本海
鸭绿江	鸭绿江	795	62 800	1 000	291	黄海
辽河	辽河	1 345	219 000	302	150	渤海
滦河	滦河	877	44 900	149	48	渤海
海河	海河	1 090	263 400	717	228	渤海
黄河	黄河	5 464	752 000	1 820	560	渤海
	洮河	699	31 400	172		黄河
	大黑河	274	13 700	5.7		黄河
	汾河	672	38 700	53	20	黄河
	渭河	745	106 500	292	87	黄河
淮河	淮河	1 000	269 000	1 110	620	长江
	沂河	322	11 600	122		骆马湖
长江	长江	6 397	1 808 500	31 060	9 755	东海
	雅砻江	1 500	128 000	1 810		金沙江
	大渡河	1 062	91 100	1 500	644	岷江
	岷江	735	133 000	2 850		长江
	嘉陵江	1 119	159 700	2 120		长江
	乌江	1 018	87 800	1 650		长江
	澧水	372	18 500	574		洞庭湖
	沅江	1 060	89 000	2 170		洞庭湖
	资水	590	28 000	759		洞庭湖
	湘江	817	94 600	2 370		洞庭湖
	汉水	1 530	159 000	1 710		长江
	赣江	744	835 00	2 130		鄱阳湖
钱塘江	钱塘江	428	422 00	1 480	389	东海
瓯江	瓯江	338	17 500	615		东海

续表 2-1

河系	河名	长度（km）	流域面积（km^2）	流量（m^3/s）	年水量（亿 m^3）	流入水域
闽江	闽江	541	61 000	1 980	629	东海
九龙江	九龙江	258	14 700	446		台湾海峡
韩江	韩江	325	34 300	942		南海
浊水溪	浊水溪	186	3 170	176	54	台湾海峡
下淡水溪	下淡水溪	159	3 260	228		南海
珠江	珠江	2 214	454 000	11 000	3 260	南海
	柳江	730	54 200	1 520		黔江
	郁江	1 162	90 700	1 700		浔江
	桂江	437	19 000	570		西江
	北江	468	38 400	1 260		珠江
	东江	523	25 300	700		珠江
鉴江	鉴江	211	9 430	270		南海
南渡江	南渡江	311	7 180	180	70	琼州海峡
元江		565	76 300	634	484	北部湾
澜沧江		1 612	154 000	2 350	740	南海
怒江		1 659	137 800	2 000	687	安达曼海
雅鲁藏布江		2 057	240 500	4 420	1 654	孟加拉湾
额尔齐斯河		633	57 290	342	100	斋桑泊
乌伦古河		715	2 200	35.6		乌伦古湖
伊犁河		601	61 600	410	170	巴尔喀什湖
玛纳斯河		406	4 060	40.5		玛纳斯湖
塔里木河	塔里木河	2 300	198 000		50	台特马湖
	阿克苏河	419	35 900	195	76	塔里木河
	喀什噶尔河	505	11 500	61.9		叶尔羌河
	叶尔羌河	1 037	48 100	203	74	塔里木河
	和田河	1 090	28 200	142	45	塔里木河
	车尔臣河	527	18 100	16.4		罗布泊
格尔木河	格尔木河	419	15 500	23.5		达布逊湖
疏勒河	疏勒河	540	20 200	26.4		罗布泊
黑河	黑河	780	35 600	47.3		

表 2-2　中国主要湖泊

湖名	湖面高程 （m）	湖面面积 （km^2）	最大水深 （m）	容积 （亿 m^3）	类别	所在地
青海湖	3 196	4 635	28.7	854.4	咸	青海
兴凯湖	69	4 380	·	27.1	淡	黑龙江
鄱阳湖	21	3 583	16.0	248.9	淡	江西
洞庭湖	33	2 740	30.8	178.0	淡	湖南
太湖	3	2 420	4.8	48.7	淡	江苏、浙江、上海
呼伦湖	545	2 315	8.0	131.3	咸	内蒙古
洪泽湖	13	2 069	5.5	31.3	淡	江苏
纳木湖	4 718	1 940	35.0	（768）	咸	西藏
奇林湖	4 530	1 640	33.0	（492）	咸	西藏
南四湖	33 ~ 34	1 268	6.0	25.3	淡	山东
艾比湖	189	1 070			咸	新疆
博斯腾湖	1 048	1 019	15.7	99.0	咸	新疆
扎日南木湖	4 613	1 000		（60）	咸	西藏
巢湖	10	820	5.0	36.0	淡	安徽
鄂陵湖	4 269	611	30.7	107.6	淡	青海
贝尔湖		608		54.8	淡	内蒙古
扎陵湖	4 293	526	13.1	46.7	淡	青海
赛里木湖	2 071	464		232.0	咸	新疆
玛旁雍湖	4 587	412		202.7	咸	西藏
滇池	1 885	330	8.0	15.7	淡	云南
连环泡	139	276	4.6	6.1	淡	
抚仙湖	1 875	217		173.5	淡	云南
喀顺湖	5 556				咸	西藏
艾丁湖	-154	150			咸	新疆
白头山天池	2 194	9.8	373.0	20.0	淡	吉林
日月潭	760	7.7		1.4	淡	台湾

（三）中国水资源总量

中国水资源总量 28 124 亿 m^3，其中河川平均年径流量 27 115 亿 m^3，地下水量 8 840 亿 m^3，重复计算量 7 831 亿 m^3。中国还有年平均融水量近 500 亿 m^3 的冰川以及近 500 万 km^3 的近海海水。我国河川平均年径流量相当于全球陆面年径流总量的 5.7%，居世界第6位，低于巴西、俄罗斯、加拿大、美国和印度尼西亚。但由于我国国土辽阔、人口众多，耕地面积也较大，平均径流深(284 mm)低于全球平均径流深(314 mm)，人均、亩[1]均占有水量都相当低。2000年我国人均占有河川径流量为2 086 m^3，仅为世界人均占有量的1/4，是美国的1/5、印度尼西亚的1/6、加拿大的1/50。日本河川径流量仅为我国的1/5，但人均占有量却为我国的2倍。我国亩均占有河川径流量为1 800 m^3，是世界亩均占有量的76%，远低于印度尼西亚、巴西、日本和加拿大，我国被联合国列为13个贫水国家之一。从我国人均、亩均占有水资源量来看，我国水资源并不丰富，水资源在我国是十分珍贵的自然资源。有效保护和节约水资源是我国长期坚持的方针。

二、中国水资源的分布状况

雨热同期是我国水资源最突出的优点，较高的气温、充足的雨水是许多作物生长需要同时具备的自然条件。我国各地6、7、8月高温期，一般也是全年降水量最多的时期，这就具备了作物生长的良好条件，因此有可能在有限的土地上经过辛勤耕耘取得丰硕的成果。我国国土面积占世界陆地面积的6%，却养育着占世界20%的人口。同时，我国水资源也存在一些不能完全适应人类生活、生产活动的矛盾，即空间分布和时程分配的不均匀。

(一)我国水资源地区分布不均，有余有缺

我国水资源的地区分布很不均匀，南方多、北方少，相差悬殊。长江流域及其以南的珠江流域、东南诸河和西南诸河等南方四片，平均年径流深都在500 mm以上，其中东南诸河片平均年径流深超过1 000 mm。北方六片中，淮河流域片225 mm，略低于全国均值，黄河、海河、辽河、松花江四片平均年径流深仅有100 mm左右，西北内陆河流域平均年径流深仅有32 mm。中国分区水资源总量变化如表2-3所示。

1997～2006年，全国年平均降水量为635.4 mm，比常年值偏少1.1%，其中北方六区偏少3.4%，而南方四区则偏多0.3%；全国年平均地表水资源量为26 722亿 m^3，比常年值偏多0.1%，其中北方六区偏少5.4%，而南方四区则偏多1.2%；全国年平均地下水资源量为8 302亿 m^3，比1980～2000年多年平均值偏多2.9%。全国年平均水资源总量为27 786亿 m^3，比常年值仅偏多0.3%，其中北方六区偏少4.0%，而南方四区则偏多1.3%。按省级行政区统计，近10年平均水资源总量比常年值偏多程度较大的有上海(29.6%)，偏多20%～10%的有江苏、新疆和湖南；比常年值偏少程度较大的有天津(49.4%)、北京(42.8%)、河北(36.6%)，偏少30%～20%的有辽宁、山西、甘肃和陕西。

我国水资源地区分布与人口和耕地的分布很不相应。南方四片面积占全国总面积的36.5%，耕地面积占全国总耕地面积的36.0%，人口占全国总人口的54.6%，但水资源总量却占全国水资源总量的81%，人均占有量为4 180 m^3，约为全国均值的15倍，亩均占有量达21 800 m^3，约为全国均值的12倍。辽河、海河、黄河、淮河4个流域片，总面积占全国面积的18.7%，相当于南方四片面积的1/2，但水资源总量仅有2 702亿 m^3，仅相当于南方四片水资源总量的12%。而且这四片多为大平原，耕地很多，占全国总耕地面积的45.2%，人口密度也较高，人口占全国总人口的38.4%。其中以海河流域最为突出，人均

[1] 1亩＝1/15 hm^2 ≈666.67 m^2。

占有水资源仅有 430 m³,为全国均值的 16%,亩均占有水量仅有 251 m³,为全国均值的 14%。

表 2-3 中国分区水资源总量变化 (单位:亿 m³)

分区	1997 年	1998 年	1999 年	2000 年	2001 年	2002 年	2003 年	2004 年	2005 年	2006 年	2007 年	2008 年
松花江	1 682.8	2 881.1	1 377.1	1 395.1	1 420.3	1 373	1 424	1 189.9	1 525	1 283.5	927.7	982.7
辽河							345.2	419	549.7	393.4	381.9	393.9
海河	212.1	353.8	192.5	269.6	200.2	159	321.1	299.6	267.1	219.8	247.8	294.5
黄河	481.5	677.2	625.9	565.9	513.3	473.4	827.3	628	756.3	564.3	655.3	559
淮河	625.3	1 403.4	587.4	1 232.9	592.1	695	1 851.7	752.2	1 399.6	881.4	1 365.9	1 047.2
长江	9 274.2	13 127.1	11 264.9	10 032.4	8 887	10 890.8	10 064.8	8 734.6	9 887	8 059.6	8 807.8	9 457.2
东南诸河	2 433.3	2 580.8	2 252	2 128.9	2 104.4	2 314.4	1 312.4	1 323.8	2 261.7	2 340.4	1 799.8	1 735.2
珠江	6 478.2	5 155.1	4 403.9	4 429.4	5 817.6	5 251.1	4 172.2	3 512.8	4 391.3	4 997.3	3 985.9	5 696.8
西南诸河	5 356.1	6 286.5	5 927.7	6 123.3	5 700.8	5 640.5	5 771.6	5 969.3	5 561.8	5 171.8	5 739.1	5 944.4
西北诸河	1 311.3	1 552.1	1 564.4	1 523.5	1 632.2	1 457.3	1 369.9	1 300.4	1 453.5	1 418.6	1 343.9	1 323.4
全国合计	27 854.8	34 017.1	28 195.8	27 701.0	26 867.9	28 254.5	27 460.2	24 129.6	28 053.0	25 330.1	25 255.1	27 434.3

注:资料来源于《中国水资源公报》(1997—2008)。

(二)水资源的年际和季节变化大,水旱灾害频繁

我国大部分地区季风影响明显,降水量的年际变化和季节变化都很大,而且贫水地区的变化一般大于丰水地区。我国南部地区最大年降水量一般是最小年降水量的 2 ~4 倍,北部地区一般是 3 ~6 倍。南部地区最大年径流量一般是最小年径流量的 2 ~4 倍,北部地区一般是 3 ~8 倍,有的地区高达 10 多倍。我国历年汛期最大降水量都为同年最小月降水量的 10 倍以上,有的地区高达 100 倍。我国多数地区雨季为 4 个月左右,南方有的地区雨季长达 6 ~7 个月,北方干旱地区仅有 2 ~3 个月。全国大部分地区连续最大 4 个月降水量占全年降水量的 70% 左右。南方大部分地区连续最大 4 个月径流量占全年径流量的 60% 左右,华北平原和辽宁沿海可达 80% 以上。

第三节　中国水利的发展与成就

水利历来是治国安邦的大事。新中国成立60多年来,在党和政府的领导下,我国水利事业发生了翻天覆地的变化,水利建设成效显著。

新中国在成立之初,作为泱泱大国,较大的水库仅22座,江河堤防只有4.2万km。

如今,我国已建成各类水库8.6万座,其中大型水库就达493座,中型水库3 100多座,小型水库更是星罗棋布。水利工程年供水能力达到6 591亿m^3,特别是已经累计解决了2.72亿农村人口的饮水困难和1.65亿农村人口的饮水安全问题。

如今,我国已经修建堤防28.69万km,防洪保护区内5.7亿人口、4.6万hm^2耕地以及重要基础设施的防洪安全基本得到保障;建成小水电站(装机容量5万kW以下)4.5万余座,总装机容量5 127万kW;全国农田灌溉面积扩大到8.77亿亩,占世界总额的1/5,居世界首位;累计初步治理水土流失面积101.6万km^2,实施封育保护面积72万km^2。

如今,我国已基本形成了防洪抗旱减灾、供水灌溉排水、水土保持及水生态环境保护等比较完善的水利基础设施体系,战胜了频繁发生的水旱灾害,为防洪安全、粮食安全、供水安全和生态安全提供了有力的保障。我国以占全球6%的淡水资源、9%的耕地,保障了占全球20%的人口的温饱并向全面小康社会迈进。

一、江河治理与防洪减灾

我国江河众多,洪涝灾害历来是中华民族的心腹大患。新中国成立以来,我国对大江大河进行了系统的大规模治理。如今,全国水利基础设施建设硕果累累,大量水利工程全面发挥效益。大江大河主要河段基本具备防御新中国成立以来最大洪水的能力。中小河流具备防御一般洪水的能力,重点海堤设防标准达到50年一遇。60多年来,我国防洪减灾直接经济效益达3.93万亿元,因洪涝灾害死亡人数大幅减少。60多年来,我国成功应对了多次流域性大洪水,成功抵御了东南沿海地区的强台风袭击,以及部分地区频繁发生的严重山洪灾害,最大限度地减轻了洪涝灾害损失。防洪保护区内5.7亿人口、600多座城市、6.9亿亩耕地以及重要基础设施的防洪安全基本得到保障。

长江是中国的第一大河。60多年来,长江流域开展了大规模的堤防建设,建成了三峡、丹江口、隔河岩等一大批控制性水库,实施了平垸行洪、退田还湖和大量的河道治理工程,初步形成了工程配套较为完善的流域防洪体系,防洪保安能力显著提高,战胜了历次大洪水。

“黄河宁,天下平”,新中国成立初期,毛泽东主席就嘱咐“一定要把黄河的事情办好”。60多年来,兴建了小浪底等一批水利枢纽工程,完成了下游三次大修缮,并实施了标准化堤防建设,开展了大规模河道整理工程;加强了东平湖、北金堤等分滞洪区建设,初步形成了“上拦下排,两岸分滞”的防洪工程体系,确保了黄河岁岁安澜。

淮河是新中国成立后第一条重点治理的大河,继20世纪50年代大规模的淮河治理后,特别是1991年淮河大洪水后,国家进一步加大治淮力度,确定了19项治淮骨干工程,有效构建了淮河流域防洪体系框架,提高了流域总体防洪标准,全流域防御洪灾风险能力大大提高。

1963 年海河大洪水后，毛泽东主席发出“一定要根治海河”的伟大号召，海河进入了全面治理的新阶段，经过几次大规模系统治理，海河流域初步建成了城乡供水、水生态环境保护和修复、防洪减灾、综合管理等四大保障体系，保障了流域防洪安全，促进了流域经济社会快速发展。

松辽流域水利建设发展迅速，特别是 1998 年嫩江、松花江大水后，大规模增加了治理开发的投入，建成了尼尔基等大型水利枢纽，松花江、辽河等堤防得到全面整治，初步形成了有效的防洪减灾体系。

珠江流域在江河治理和水资源开发、利用、保护与管理方面进行了不少的探索，兴建了飞来峡、百色、龙滩等重点水利水电枢纽，成功实施了珠江水量统一调度，流域水利事业取得了辉煌的成就。

新中国成立后，太湖流域开展了大规模的水利建设，1991 年太湖流域大洪水后，流域综合治理 11 项骨干工程相继开工建设，初步建成了“蓄泄兼筹，以泄为主”的流域防洪骨干工程体系，战胜了多次洪水和台风的袭击。

（一）病险水库加快除险

新中国成立以来，先后修建了 8.6 万座水库，在防洪、灌溉、供水、发电、航运等方面发挥了巨大作用。为了保障水库安全运行，持续发挥效益，21 世纪以来，国家加大对病险水库除险加固的投入力度，目前已完成或正在实施除险加固的病险水库达 9 000 多座。

（二）战胜了历次大洪水和台风

我国大江大河多次发生大洪水，台风登陆频繁，依靠不断完善的防洪体系，广大军民与洪水、台风灾害进行了顽强的斗争，取得了重大胜利，最大限度地减轻了灾害损失。

（三）取得抗震救灾重大胜利

四川汶川特大地震使大量水库、水电站、堤防、供水设施遭到严重破坏，山体滑坡形成堰塞湖，严重威胁灾区广大人民群众的生命安全和重要基础设施的安全，按照党中央、国务院及国家抗震救灾总指挥部统一部署，水利部快速反应，紧急动员，积极应对，举全部之力、全行业之力，开展了艰苦卓绝的水利抗震救灾工作，有效地防范了次生灾害，以最快的速度恢复了灾区的供水，全部震损水库、水电站无一垮坝，堤防无一决口，人员无一伤亡，堰塞湖除险工作卓有成效，创造了世界上处置大型堰塞湖的奇迹，确保了人民群众生命安全。

（四）防汛指挥科学有序

国家加大了水文和信息化等防汛抗旱非工程措施建设力度，形成较为先进、完善配套的防汛抗旱非工程体系，为科学有序地做好防汛抗旱工作奠定了坚实基础。

（五）防洪减灾效益显著

1. 确保了防洪安全

平均每年减淹耕地 271 万 hm^2，平均每年减免粮食损失 1 017 万 t，60 年防洪减灾直接经济效益 3.93 万亿元。

2. 确保了供水安全

平均每年抗旱浇地面积 4.58 亿亩，平均每年挽回粮食损失 4 069 万 t，平均每年解决

2 603 万人临时饮水困难。

3. 因灾死亡人数大大减少

20 世纪 50 年代年均因灾死亡 8 976 人,20 世纪 70 年代年均因灾死亡 5 308 人,20 世纪 80 年代年均因灾死亡 4 338 人,20 世纪 90 年代年均因灾死亡 3 744 人,2001 年以来年均因灾死亡 1 507 人,其中 2008 年因灾死亡人数降至 633 人。

二、城乡供水与农村饮水

60 多年大规模的水利建设,使我国供水能力得到极大的提高,水利工程年供水能力达到 6 591 亿 m^3,比 1949 年增加了 5 倍,基本满足了城乡经济社会和生态环境的用水需求,有效应对了多次严重干旱,最大程度地减轻了旱灾损失。为解决一些城市的严重缺水问题,我国还先后实施了南水北调以及引滦入津、引碧入连、引黄入青、东深供水等大型调水工程。党和政府高度重视解决农村饮水问题,多年来已经累计解决了 2. 72 亿农村人口的饮水困难和 1. 65 亿农村人口的饮水安全问题,提前 6 年实现了联合国千年宣言提出的“到 2015 年底前使无法获得安全饮用水的人口比例降低一半”的目标,到 2013 年,我国政府将完全解决农村饮水安全问题,结束群众吃高氟水、咸苦水的历史。

三、农田水利与灌区改造

水利是农业的命脉,是粮食安全的重要支撑。我国长期以来坚持开展农田水利基本建设,形成了较为健全的农田水利工程体系,农业抗御水旱灾害的能力得到极大提高。60 多年来,我国共建成各类农田水利灌排工程 1 000 万处,农田灌溉面积由 1949 年的 2. 4 亿亩发展到 2008 年的 8. 77 亿亩,居世界首位。已建成万亩以上的灌区 6 414 处,有效灌溉面积 4. 42 亿亩。20 世纪 90 年代以来,农田水利开始走内涵发展道路,把节水灌溉作为革命性措施来抓。自 1996 年开始,我国对大型灌区进行续建配套与节水改造,农业灌溉水利用系数提高到 0. 475,全国工程节水灌溉面积达到 3. 67 亿亩。我国以占耕地面积 48% 的灌溉面积,生产了占全国总产量 75% 的粮食和 90% 的棉花、蔬菜等经济作物。

四、水土保持与生态修复

我国是世界上水土流失最严重的国家之一,全国水土流失面积 356 万 km^2,占国土面积的 37%。新中国成立 60 多年来,我国水土流失治理不断加强,水土保持、生态环境建设得到有力推进。全国累计初步治理水土流失面积 101. 6 万 km^2,同时,充分发挥大自然的自我修复能力,实施封育保护面积 72 万 km^2,其中有 39 万 km^2 的林草植被得到初步修复。全国共批准并实施生产建设项目的水土保持方案 25 万项,开发建设过程中的水土流失量大幅度减少。水土保持措施每年可减少水土流失量 15 亿 t 以上,增加蓄水能力 250 多亿 m^3,增产粮食 180 亿 kg,解决了水土流失区 2 000 万人的温饱。近年来,我国开展了以水利措施修复生态环境的大规模实践,水生态环境逐步好转,谱写了一曲优美的绿色颂歌!

五、小水电与农村电气化

我国江河湖泊众多,水能资源储藏量大,是世界水能资源最丰富的国家。我国十分重视小水电的开发,已累计建成4.5万多座小水电站,总装机容量达到5 127万kW,年发电量1 600多亿kWh,约占全国水电装机容量和年发电量的30%。自1983年起,我国建成了以小水电供电为主的653个初级电气化县和409个水电农村电气化县,全国1/2的地域、1/3的县、1/4的人口主要依靠小水电供电,为社会主义新农村建设和小康社会建设作出了突出贡献。2003年以来,国家启动了小水电代燃料试点,山区20多万户80多万农民告别了祖祖辈辈上山砍柴、烟熏火燎的日子,保护森林面积350多万亩。

六、节水型社会建设

改革开放30多年来,中国经济保持了年均近10%的高速增长率,而用水总量却实现了微增长;在连续30年保持农业灌溉用水量零增长的情况下,有效灌溉面积增加了近1.2亿亩,粮食产量提高近50%。以2002年水利部颁布《中国水功能区区划(试行)》为标志,我国实施了以水功能区划制度为主的水资源保护制度,在重要江河纳污能力核定、限制排污总量、七大流域入河排污口调查登记及饮用水源保护等方面取得了显著成就,水资源保护力度得到了有效加强。近年来,我国以水权水市场理论为指导,着力推进节水型社会建设试点,取得了突破性进展,全国陆续开展了张掖、大连、绵阳、西安等82个全国节水型社会建设试点和200个省级试点,积极探索不同类型地区节水型社会建设模式,辐射和带动了全国节水型社会建设的深入开展,为我国破解水资源难题寻找到了突破口。

七、水利管理与改革

新中国成立60多年来,水利行业不断加强自身建设与改革,以适应经济社会发展的需要,水利管理能力得到极大提升,逐步实现了水利管理的法制化、规范化、科学化和现代化。水利法制建设成效显著,出台了《水法》等四部法律,依法管水得到有效落实;先后制定了一批水利综合和专业规划,有效保证了水利事业的蓬勃发展;通过改革,初步形成了多元化、多层次、多渠道水利投资新格局,各级财政对水利的投入大幅度增加;水务体制改革深入推进,水管体制改革基本完成,水利建管体制改革全面推行,其他各项改革都取得显著成效。

八、水利科技与国际交流合作

60多年来,水利行业紧密结合治水实践,大力倡导科技创新,水利科技含量有了明显提高,在水文水资源、防灾减灾、工程建设与管理、农村水利、水土保持、生态保护与修复等领域的水利科技攻关取得重大突破,一大批先进实用的技术得到推广应用,有力支撑了水利事业的发展。目前,水利科技总体上已基本达到国际先进水平,一些领域已处于国际领先地位。同时,水利标准化与质量技术监督工作也深入开展,总体格局逐步完善;水利信息化建设取得长足发展,逐步进入全方位、多层次、又好又快发展的新阶段。自20世纪70年代末,水利国际交流与合作工作进入了新阶段。经过30多年的发展,中国水利正以崭新的面貌活跃在国际舞台,其地位和影响力空前提高。目前,我国水利行业已同60多个国家和地区建立了合作关系,与40多个国家和多个国际组织签订了科技、经济合作协议或谅解备忘录,水利国际交流合作的领域不断拓展。

第三章 水旱灾害及其防治

灾害自从人类诞生之日起就与人类文明相伴而行,是人类社会发展的重要障碍。而中国自古就是灾害多发的国家。在各种灾害中,以水灾害尤甚。我国地处欧亚大陆东南部,濒临太平洋,大部分是大陆气流和海洋气流交绥的地区,这两种气流汇合形成了我国主要雨带,二者的强弱、消长造成降水时空分布不均,常形成干旱、洪涝等灾害。随着我国经济建设的飞速发展,我国防御水旱灾害的能力正在逐年加强,但许多经济建设活动又加剧了水旱灾害的发生及其危害,造成的经济损失也越来越大。水旱灾害的预防和治理也引起了人们的重视。

第一节 水旱灾害概述

一、洪涝灾害的概念

(一)洪水

洪水是江(河)湖水位急剧上涨、来水峰高量大的一种自然现象,通常由暴雨、久雨不晴、风暴潮或融冰化雪等原因形成。中国大部分地区以暴雨洪水为主,在东北和西北地区,也有因融冰化雪形成洪水的。天气变化是造成暴雨进而引发洪水的直接原因。

(二)洪水灾害

出现洪水是否会成灾,不仅与流域内地形、地质条件、植被情况等下垫面特征以及河道的泄流能力、已建工程的防洪能力等诸多因素有关,而且与社会经济发展也有密切的联系。如果一个地区荒无人烟,虽然洪水经常泛滥,也不会造成灾害。相反,在人类大量繁衍和生产不断发展的地区,洪水泛滥就会造成严重灾害。

由于人口增长带来农业发展的需要。为了扩大耕地,就要围垦河、湖滩地与水争地,或向山丘地区发展,使得山林植被遭到破坏。城市、居民点、交通道路的形成都不断改变着下垫面的状况。这一切都使得洪水的产生和汇流条件不断发生变化,从而加重了洪水危害的程度。因此,洪水灾害是自然和社会经济因素综合作用的产物。

洪水还具有周期性和随机性。周期性的特点使得洪水发生在每年的多雨季节;随机性的特点使得洪水每次发生的时间、地点、量级难以准确预知。

洪水对环境有较大的影响,可分为有利和不利两个方面。

洪水对环境的有利影响是河道适时行洪可以延缓某些地区植被过快地侵占河槽,抑制某些水生植被过度“有害”生长,并为鱼类提供良好的产卵场所;洪水周期性地淹没河流两岸的岸边地带和洪泛区,为陆生植物群落生长提供水源和养料,为动物群落提供良好的觅食、隐蔽、繁衍、栖息场所和生活环境;洪水挟带泥沙淤积下游滩地,造就富饶的冲积平原。

洪水所造成的不利后果是对自然环境和社会环境的严重破坏。洪水淹没河滩、突破堤防、淹没农田和村庄等，毁坏社会基础设施，造成财产损失和人畜伤亡，对人群健康、文化环境造成破坏性影响，甚至干扰社会的正常运行。由于社会经济的快速发展，洪水的不利作用或危害已远远超过有利的一面，据有关文献公布的统计资料，与地震、火山爆发、干旱、暴风雨等自然灾害相比，全球洪灾造成的人员死亡占上述灾害死亡人数的42%，经济损失占50%。可见洪水灾害的严重程度。

二、干旱与旱灾的概念

(一)干旱

干旱是因长时期无降水或降水异常偏少而造成空气干燥、土壤缺水的一种现象。

1. 干旱类型

世界气象组织承认以下六种干旱类型：

(1)气象干旱：根据不足降水量，以特定历时降水的绝对值表示。

(2)气候干旱：根据不足降水量，不是以特定数量，而是以与平均值或正常值的比率表示。

(3)大气干旱：不仅涉及降水量，而且涉及温度、湿度、风速、气压等气候因素。

(4)农业干旱：主要涉及土壤含水量和植物生态，或许是某种特定作物的性态。

(5)水文干旱：主要考虑河道流量的减少，湖泊或水库库容的减少和地下水位的下降。

(6)用水管理干旱：其特性是由于用水管理的实际操作或设施的破坏引起的缺水。

我国比较通用的定义如下：

(1)气象干旱：不正常的干燥天气时期，持续缺水足以影响区域引起严重水文不平衡。

(2)农业干旱：降水量不足的气候变化，对作物产量或牧场产量足以产生不利影响。

(3)水文干旱：在河流、水库、地下水含水层、湖泊和土壤中低于平均含水量的时期。

2. 干旱的分类

(1)小旱：连续无降水天数，春季16~30 d、夏季16~25 d、秋冬季31~50 d。特点为降水较常年偏少，地表空气干燥，土壤出现水分轻度不足，对农作物有轻微影响。

(2)中旱：连续无降水天数，夏季26~35 d、秋冬季51~70 d。

(3)大旱：连续无降水天数，春季46~60 d、夏季36~45 d、秋冬季71~90 d。

(4)特大旱：连续无降水天数，春季在61 d以上、夏季在46 d以上、秋冬季在91 d以上。

(5)干旱预警信号：干旱预警信号分两级，分别以橙色、红色表示。干旱指标等级划分，以国家标准《气象干旱等级》中的综合气象干旱指数为标准。

(二)旱灾

旱灾指因气候严酷或不正常的干旱而形成的气象灾害。旱灾一般指因土壤水分不足，水分的收支或供求不平衡而形成的水分短缺现象。农作物水分平衡遭到破坏而减产或歉收从而带来粮食问题，甚至引发饥荒。同时，旱灾亦可令人类及动物因缺乏足够的饮用水而致死。此外,旱灾后则容易发生蝗灾,进而引发更严重的饥荒,导致社会动荡。

旱灾是普遍性的自然灾害,不仅农业受灾,严重的还影响到工业生产、城市供水和生态环境。中国通常将农作物生长期内因缺水而影响正常生长称为受旱,受旱减产三成以上称为成灾。经常发生旱灾的地区称为易旱地区。

旱灾的形成主要取决于气候。通常将年降水量少于250 mm的地区称为干旱地区,将年降水量为250~500 mm的地区称为半干旱地区。

世界上干旱地区约占全球陆地面积的25%,大部分集中在非洲撒哈拉沙漠边缘、中东和西亚、北美西部、澳大利亚的大部和中国的西北部。这些地区常年降水量稀少且蒸发量大,农业主要依靠山区融雪或者上游地区来水,如果融雪量或来水量减少,就会造成干旱。

世界上半干旱地区约占全球陆地面积的30%,包括非洲北部一些地区、欧洲南部、西南亚、北美中部以及中国北方等地区。这些地区降水较少,而且分布不均,因而极易造成季节性干旱,或者常年干旱甚至连续干旱。

中国大部分地区属于亚洲季风气候区,降水量受海陆分布、地形等因素影响,在区域间、季节间和多年间分布很不均衡,因此旱灾发生的时期和程度有明显的地区分布特点。秦岭淮河以北地区春旱突出,有"十年九春旱"之说。黄淮海地区经常出现春夏连旱,甚至春夏秋连旱,是全国受旱面积最大的区域。长江中下游地区主要是伏旱和伏秋连旱,有的年份虽在梅雨季节,但会因梅雨期缩短或少雨而形成干旱。西北大部分地区、东北地区西部常年受旱。西南地区春夏旱对农业生产影响较大,四川东部则经常出现伏秋旱,华南地区旱灾也时有发生。

第二节　中国的水旱灾害

一、概况

2010年,我国气候异常,水旱灾害发生早、频次密、程度重。江南部分地区发生历史同期罕见春汛;长江、黄河、淮河、珠江、辽河、松花江干流以及海河流域滦河、徒骇河和马颊河,浑河、太子河,鸭绿江、闽江干流以及洞庭湖、鄱阳湖、太湖等湖泊均发生超过警戒水位洪水;长江上游干流发生1987年以来的最大洪水,三峡水库出现了建库以来最大入库洪峰;西南、西北、华南局部地区发生了多起严重的山洪、泥石流、滑坡;有7个台风(含热带风暴,下同)先后在我国沿海登陆;西南5省发生了历史罕见的冬春连旱,华北北部、东北西部和西北东部等地发生了比较严重的夏伏旱,南方部分地区发生了伏秋旱。

2010年,全国有30个省(自治区、直辖市)发生了洪涝灾害,农作物因洪涝受灾面积1 786.669万 hm^2,其中成灾872.789万 hm^2,受灾人口2.11亿人,因灾死亡3 222人、失踪1 003人,倒塌房屋227.10万间,直接经济总损失3 745.43亿元,其中水利设施直接经济损失691.68亿元。全国有27个省(自治区、直辖市)发生了干旱灾害,农作物因旱受灾面积1 325.861万 hm^2,其中成灾898.647万 hm^2,有3 334.52万人、2 440.83万头大牲畜因旱发生饮水困难,直接经济总损失1 509.18亿元。

2010年我国水旱灾害特点如下：

(1)洪涝灾情偏重，山洪灾害突出。与2000年以来的平均值相比，全国因洪涝灾害农作物受灾面积偏多59.00%；死亡人口偏多121.60%；直接经济总损失偏多270.61%，列1990年以来第1位。全年共发生造成人员死亡、失踪的山洪灾害371起，其中特别重大山洪灾害19起，重大山洪灾害16起。山洪灾害共造成2 824人死亡，占全国因洪涝灾害死亡总人数的87.65%，为2001年以来最多。

(2)因旱人畜饮水困难突出，西南5省旱灾损失重。2010年全国因旱饮水困难人口及牲畜数量均居1995年以来的第2位。西南5省因旱直接经济总损失占全国的65.07%，相当于5省2010年GDP总和的2.13%。其中，云南、贵州两省因旱直接经济总损失分别占2010年本省GDP的9.27%和3.34%。西南5省因旱饮水困难人口达2 334.9万人，因旱饮水困难牲畜达1 626.3万头，分别占全国的70.02%和66.63%。2010年，在党中央、国务院的坚强领导下，国家防汛抗旱总指挥部超前谋划、周密部署，地方各级党委、政府及防汛抗旱指挥部门积极应对、精细调度，各部门团结协作、密切配合，及时、有力、高效地开展防汛抗旱和抢险救灾各项工作，确保了大江大河干堤和重要堤防无一决口，大中型水库无一垮坝，保障了旱区群众饮用水安全，最大程度地降低了水旱灾害造成的损失和影响，为维护国民经济平稳较快发展、保障人民群众生命财产安全、促进粮食稳产增产和农民持续增收提供了有力支撑。

二、中国洪灾发生的主要类型

中国洪水灾害的主要自然致灾因素是暴雨洪水、风暴潮、融冰融雪和冰凌洪水。由于自然地理条件、地形地貌特点的不同，以及人类经济社会活动规模与特点的不同，洪灾形成的条件、机制，对经济社会发展的影响，以及对生态环境的影响与冲击也不尽相同。中国洪水灾害主要有以下五种类型。

(一)平原洪涝型

平原洪灾主要是指由江河洪水泛滥和当地涝水所造成的灾害。洪水泛滥以后，水流扩散，波及范围广；受平原微地形影响，行洪速度缓慢，淹没时间长。涝灾是因当地暴雨积水不能及时排除而形成的一种水灾，主要分布在平原低洼地区和水网地区。中国平原地区的洪涝灾害往往相互交织，外洪顶托、涝水难排，从而加重了内涝灾害；而涝水的外排又加重了相邻地区的外洪压力，洪水与涝水不分是其主要特点。平原洪涝型水灾波及范围广，持续时间长，造成的损失巨大，发生频繁，是中国最严重的一种水灾。

中国受洪水威胁的平原总面积为106万km^2，占国土总面积的11.2%，主要分布在受到洪涝灾害威胁的七大江河(含太湖)的中下游地区。这些地区经济发达、人口稠密、资产密集，集中了全国1/3的耕地、66%的人口、80%的国内生产总值与61%的城市。上述地区汛期江河洪水位普遍高于地面高程，主要依靠堤防束水，由于泥沙淤积、围垦河滩湖滩等，有些河段行洪能力下降，出现同流量下水位逐渐抬高的现象，增大了洪水的风险。

(二)沿海风暴潮型

风暴潮灾害是海洋灾害、气象灾害及暴雨洪水灾害的综合性灾害，突发性强，风力大、波浪高、增水强烈，高潮位持续时间长，引发的暴雨强度大，往往与洪水遭遇，一旦发生风暴潮,常常形成严重的水灾。据统计,20 世纪 80 年代末 90 年代初,中国由于沿海风暴潮导致的水灾损失约占同期全国水灾总损失的 19%,仅次于暴雨洪水形成的洪涝灾害。

(三)山地丘陵型水灾

根据洪水形成原因,山地丘陵洪水又可分为暴雨山洪、融雪山洪、冰川消融山洪或几种原因共同形成的山洪,其中以暴雨山洪最为普遍和严重。其特点是历时短、涨落快、涨幅大、流速快且挟带大量泥沙,冲击力强,破坏力大。

山洪泥石流是由山洪诱发而突然暴发的挟带大量泥沙和石块的特殊山洪,多发生在有大量松散土石堆积的陡峻山坡。这种灾害多分布在中国川、滇、渝、陕等省(区)。据统计,山洪泥石流等灾害虽然波及范围较小,总经济损失一般不大,但往往造成较多的人员伤亡,而且有些年份相当严重。

山地丘陵区中平川和盆地的洪水灾害主要分布在四川盆地中部的一些平川和谷地、云贵高原的一些平川和谷地及中国中部与东部山地丘陵间的中小盆地。这类水灾虽然范围不大,但由于这些平川和谷地多是山区城镇所在地,人口集中,工农业产值在所属省(区)占有举足轻重的地位,因此此类水灾对区域经济社会发展造成重大影响。

(四)冰凌灾害

冰凌洪水的特征是流量不大但水位较高。在中国主要发生在黄河下游、河套地区及松花江依兰河段。由于天寒地冻,历来有"伏汛好防,凌汛难抢"之说。

(五)地震水灾

地震水灾指因地震诱发滑坡堵塞河流或震垮堤坝而引起的洪水灾害。1933 年 8 月 25 日,四川叠溪发生 7.5 级地震,崩塌物堵塞岷江,形成 4 个地震堰塞湖。大震后 45 d 堵体溃决,造成下游水灾,水头高达 60 多 m,受淹人口在 2 万人以上,冲毁农田 5 万余亩。此外,还有融雪洪、山洪、溃坝洪等小范围洪灾。

(六)城市洪涝灾害

随着中国城市化发展进程的加快,城市洪涝问题越来越突出。城市洪涝灾害主要有三种类型:一是城市进水受淹;二是内涝排泄不及时,导致城市积水;三是部分城市受山洪泥石流冲击。

三、中国洪涝灾害的特点

受气候地理条件和社会经济因素的影响,我国的洪涝灾害具有范围广、发生频繁、突发性强、损失大的特点。从洪涝灾害的发生机制来看,洪水灾害具有明显的季节性、区域性和可重复性。世界上多数国家的洪水灾害易发生在下半年,我国的洪水灾害主要发生在 4~9 月。如我国长江中下游地区的洪水几乎全部发生在夏季。洪水灾害与降水时空分布及地形有关。世界上洪水灾害较重的地区多在大河两岸及沿海地区。对于我国来说,洪涝一般是东部多、西部少,沿海地区多、内陆地区少,平原地区多、高原和山地少。洪水灾害同气候变化一样,有其自身的变化规律,这种变化由各种长短周期组成,使洪水灾害循环往复发生。全国约有 35% 的耕地、40% 的人口和 70% 的工农业生产经常受到江河洪水的威胁,并且因洪水灾害所造成的财产损失居各种灾害之首。

(一)范围广

除沙漠、极端干旱地区和高寒地区外,我国大约2/3的国土面积都存在着不同程度和不同类型的洪涝灾害。年降水量较多且60%～80%集中在汛期6～9月的东部地区,常常发生暴雨洪水;占国土面积70%的山地、丘陵和高原地区常因暴雨发生山洪、泥石流;沿海省(自治区、直辖市)每年都有部分地区遭受风暴潮引起的洪水的袭击;我国北方的黄河、松花江等河流有时还会因冰凌引起洪水;新疆、青海、西藏等地时有融雪洪水发生;水库垮坝和人为扒堤决口造成的洪水也时有发生。

(二)发生频繁

据《明史》和《清史稿》资料统计,明清两代(1368～1911年)的543年中,范围涉及数州县到30州县的水灾共有424次,平均每4年发生3次,其中范围超过30州县的共有190年次,平均每3年1次。新中国成立以来,洪涝灾害年年都有发生,只是大小有所不同而已。特别是20世纪50年代,10年中就发生大洪水11次。

(三)突发性强

我国东部地区常常发生强度大、范围广的暴雨,而江河防洪能力又较低,因此洪涝灾害的突发性强。1963年,海河流域南系7月底还大面积干旱,8月2日至8日,突发一场特大暴雨,使这一地区发生了罕见的洪涝灾害。山区泥石流突发性更强,一旦发生,人民群众往往来不及撤退,造成重大伤亡和经济损失。如1991年四川华莹山一次泥石流死亡200多人,1991年云南昭通一次也死亡200多人。风暴潮也是如此,如1992年8月31日至9月2日,受天文高潮及16号台风影响,从福建的沙城到浙江的瑞安、敖江,沿海潮位都超过了新中国成立以来的最高潮位。上海潮位达5.04 m,天津潮位达6.14 m,许多海堤漫顶,被冲毁。

(四)灾害损失大

如1931年江淮大水,洪灾就涉及河南、山东、江苏、湖北、湖南、江西、安徽、浙江等8省,淹没农田1.46亿亩,受灾人口达5 127万人,占当时8省总人口的25%,死亡40万人。1991年,我国淮河、太湖、松花江等部分江河发生了较大的洪水,尽管在党中央和国务院的领导下,各族人民进行了卓有成效的抗洪斗争,尽可能地减轻了灾害损失,全国洪涝受灾面积仍达3.68亿亩,直接经济损失高达779亿元。其中安徽省的直接经济损失达249亿元,约占全年工农业总产值的23%,受灾人口4 400万人,占全省总人口的76%。

四、我国洪涝灾害多发的原因

(1)暴雨洪水是我国洪水灾害的最主要来源。

我国大部分地区在大陆季风气候影响下,降雨时间集中,强度很大。除新疆北部和湖南南部外,其他绝大部分地区全年降雨量50%以上集中在5～9月。其中淮河以北大部分地区和西北大部,西南、华南南部,台湾大部有70%～90%,淮河到华南北部的大部分地区有50%～70%集中在5～9月。在我国东部地区,有4个大暴雨多发区:

①东南沿海到广西十万大山南侧,包括台湾和海南岛,24 h暴雨量可达500 mm以上。

②自辽东半岛,沿燕山、太行山、伏牛山、巫山一线以东的海河、黄河、淮河流域和长江

中下游地区,24 h 暴雨量可达 400 mm 以上;太行山东南麓、伏牛山东南坡曾有 600～1 000 mm 或者更多一些的暴雨记录。

③四川盆地,特别是川西北,24 h 暴雨量常达 300 mm 以上。

④内蒙古与陕西交界处也曾多次发生大暴雨。

(2)高强度、大范围、长时间的暴雨常常形成峰高量大的洪水。

在东部地区,有 73.8 万 km^2 的国土面积地面处于江河洪水位以下,有占全国 40% 的人口、35% 的耕地、60% 的工农业总产值受洪水严重威胁。然而,这些地区为了发展农业,扩大耕地,修筑堤防,围湖造田,与水争地,从而洪水的排泄出路和蓄滞洪场所不断受到限制,自然蓄洪能力日趋减少和萎缩;加上山丘区土地的大量开垦利用,山林植被的破坏,以及居民点、城市、交通道路的形成等,都不断改变着地表状态,使洪水的产生和汇流条件不断发生变化,从而加重了洪水的危害程度。

(3)防灾意识不强,大面积的开矿、采石、筑路、挖渠等活动影响山体稳定,开发项目的建设造成大量的水土流失,也是造成洪灾的主要原因。

五、我国干旱的特点

干旱是我国常见的一种自然灾害,它和其他各种自然灾害一样也有其自身的特点。要战胜干旱,首先必须认识干旱;只有认识干旱,才能使我们在防旱抗旱中处于主动,减少不必要的损失,因此研究和总结干旱的特点具有重要的现实意义。

(一)干旱的严重性

水旱灾害是农业主要的自然灾害,但是对农业来说,事实上旱灾要比水灾更为严重,旱灾是我国农业最主要的自然灾害。旱灾的严重性主要表现在以下三个方面:

(1)我国干旱受灾面积远大于洪涝受灾面积。根据 1950～1990 年的资料统计,我国年平均干旱受灾面积为 2 085.1 万 hm^2,洪涝受灾面积 842.5 万 hm^2。干旱受灾面积占干旱和洪涝受灾总面积的 71.2%。1991 年江淮地区发生了特大洪涝灾害,但这一年全国旱灾面积仍高于水灾面积。

(2)干旱发生的次数多于洪涝发生的次数。在 1951～1990 年的 40 年中,全国共发生干旱 300 次,洪涝 236 次,干旱次数占干旱和洪涝总次数的 56%。

(3)干旱灾害是影响农业产量最主要的自然灾害。1978～1989 年间全国农业体制均基本稳定,因而粮食单产的上升趋势主要由于农业科技进步,而其上下波动则主要由于自然灾害的影响。对 1978～1989 年 12 年全国旱灾面积、水灾面积和粮食单产进行序列分析发现,粮食单产与旱灾面积显著相关,其相关系数达 -0.77,而与水灾面积无相关关系。观察 1949 年至 20 世纪 60 年代初的统计资料,也能得出相似结论,如 1954 年我国遭遇特大洪涝灾害,但粮食单产仍与上年持平,1959～1961 年遭遇特大旱灾,粮食产量则显著下降。

我国南方部分地区,如长江中下游平原地区,即使遇到比较大的干旱,粮食单产也不一定下降。究其原因主要是这些地区有比较好的水源条件,借助水利工程可以抵御干旱灾害。如在 1978 年的特大干旱中,江苏江都抽水站共抽取长江水 215 亿 m^3,相当于洪泽湖正常蓄水量的近 10 倍。农业虽然保住了丰收,但付出的代价是高昂的。

(二)干旱的地区性

按干旱发生的原因,干旱可分为土壤干旱、大气干旱和生理干旱三种,其中土壤干旱是最主要的。而土壤干旱主要是由于降水不足引起的。我国地域辽阔,各地降水量相差悬殊,因此干旱程度也差异很大。

我国南方年均降水量达850~1 800 mm,少数地区达2 000 mm以上,北方除长白山地区年均降水量达1 000 mm左右外,其他地区年均降水量一般都在850 mm以下,我国北部和西部的内蒙古、宁夏、青海、新疆、甘肃、西藏的大部分地区年均降水量不足400 mm。因此,南方干旱程度较轻,北方干旱程度较重。我国最大的干旱区为黄淮海地区,其干旱发生的次数最多,干旱面积也居全国之首。这一地区的耕地面积占全国总耕地面积的36%,而拥有的地面径流量仅占全国地面径流总量的4.9%,全国每公顷耕地拥有地面径流量为27 000 m^3,而黄、淮、海三个流域每公顷耕地拥有地面径流量分别只占全国平均值的16%、14%和10%。据统计,1950~1983年的34年中,黄淮海地区旱灾受灾面积和成灾面积分别占全国旱灾受灾和成灾面积总和的46.4%和48.1%。

干旱严重程度也与地形地貌有关。南方山丘地区虽然年降水量较多,但因地面坡度较大或植被较少,土壤滞水保水能力较差,因而干旱的威胁也比较严重。

(三)干旱的季节性与随机性

我国的气候为明显的季风气候,降水量季节差异较大,总的来说夏多冬少,但由于夏季风自南向北推进有一个过程,因此各地雨季到来时间有所差异。一般而言,雨带5月中旬到达华南地区,华南进入雨季,6月中旬转移到长江流域,形成长江流域的梅雨期,7月中旬梅雨结束,雨带到达淮河以北地区,华北进入雨季,9月上旬雨带开始退至华南,并逐渐离开我国向东南方向移去。10月初冬季风开始南下,气候变得干燥少雨,次年3月初冬季风开始减弱,4月初自南向北逐渐撤退。由于上述季风气候的影响,以及形成气候的其他因素的影响,我国各地区干旱的发生具有一定的季节性。

虽然雨季具有一定的季节性,但对于具体的某一年来说,雨季的到达时间和雨量的多少、非雨季降雨量的多少和时间上的分配,以及年降水总量的大小等都具有一定的随机性,因此干旱的发生也具有一定的随机性。由于这一原因,我国南方湿润地区也往往会遇到比较严重的干旱,如长江中下游地区,1959年为“空梅”,1978年梅雨提前结束,1994年也几乎为“空梅”,结果都形成了特大旱灾。再就受水、旱灾害的面积来看,有些年份南方地区旱灾面积甚至远大于水灾面积。以1991年为例,广东省旱灾面积136.6万hm^2、水灾面积21.5万hm^2,福建省旱灾面积50.2万hm^2、水灾面积13.7万hm^2,江西省旱灾面积107.9万hm^2、水灾面积28.1万hm^2,其他如海南、广西和湖南等省旱灾面积也均远大于水灾面积。

因此,干旱既具有季节性又具有随机性,但总的来说,华南多秋冬旱或冬春旱,个别年份有秋冬春连旱,夏旱很少;两广北部至长江中下游地区多为伏旱,春旱极少;淮河以北地区以春旱或春夏连旱居多,夏旱次之,个别年有春夏秋连旱;西南地区多冬春旱,川西北地区多春夏旱,川东地区多伏秋旱,西北地区一般常年干旱。

(四)干旱的连发性和连片性

与水灾相比,干旱具有更明显的连发性和连片性。干旱的连发性是指干旱往往会连年发生,干旱连年发生的概率要比洪涝连年发生的概率大得多,连旱的年数一般也多于连涝年数。再就南北方相比较,北方地区干旱连发性比南方地区更为显著。干旱的连片性指干旱的波及面往往很大。

干旱和洪涝的成因决定了其分布总是“旱一片,涝一线”。水灾可能波及数省,而旱灾有可能波及全国大部分地区。

连年连片干旱会造成特别严重的灾害,1876～1878 年连续三年干旱,遍及河南、山西、陕西、甘肃、山东、安徽等 18 个省。这次旱灾是我国近代各次自然灾害中最严重的一次,在旱灾中心地区 80% 的人被饿死,死亡人数达 1 300 万人。1959～1961 年也为全国大范围的三年连旱,长江、淮河、黄河和汉水流域等广大地区遭受严重干旱,这次旱灾是新中国成立以后最严重的一次自然灾害,三年共减产粮食 611.5 亿 kg,相当于 1950 年的全国粮食总产量,或相当于 1958 年粮食总产量的 61%,这三年连旱,再加上其他一些因素的影响,对国民经济造成了十分严重的危害,全国粮食产量直到 1966 年才恢复到 1958 年的水平。

(五)干旱的周期性

对历史干旱资料进行序列分析可以发现,干旱的发生具有一定的周期性。从干旱的成因来看,由于干旱的某些影响因素,如太阳黑子的变化、日月食的出现和厄尔尼诺现象等都具有一定的周期性,因此干旱的发生也具有一定的周期性。又因为干旱的发生受到多种因素的影响,因而干旱发生的周期不是单一周期,而是复杂的混合周期。初步的研究结果表明,干旱发生的周期有 2～3 年、5 年、11 年、22 年、26 年、35 年和 180～200 年等,另外不同地区干旱的周期性也有所不同。

六、干旱发生的原因

引起旱灾的原因从自然因素来说,主要与偶然性或周期性的降水减少有关。

从人的因素来考虑,人为活动导致干旱发生的原因主要有以下四个方面:

一是人口大量增加,导致有限的水资源越来越短缺。

二是森林植被被人类破坏,植物的蓄水作用丧失,加上抽取地下水,导致地下水和土壤水减少。

三是人类活动造成大量水体污染,使可用水资源减少。

四是用水浪费严重,在我国尤其是农业灌溉用水浪费惊人,导致水资源短缺。

第四章　水污染及其防治

随着工业进步和社会发展,水污染亦日趋严重,成了世界性的头号环境治理难题。

早在18世纪,英国由于只注重工业发展,而忽视了水资源保护,大量的工业废水废渣倾入江河,造成泰晤士河污染,已基本丧失了利用价值,从而制约了经济的发展,同时也影响到人们的健康、生存。之后经过百余年治理,投资5亿多英镑,直到20世纪70年代,泰晤士河水质才得到改善。

19世纪初,德国莱茵河也发生严重污染,德国政府为此运用严格的法律和投入大量资金致力于水资源保护,经过数十年不懈努力,在莱茵河流经的国家及欧盟共同合作治理下,才使莱茵河碧水畅流,达到饮用水标准。

水质恶化也困扰着美国人。一直以来,纽约市民以自来水水质清洁而自豪,其他州的面包商甚至特地使用纽约市自来水以生产货真价实的纽约圈饼。7年前寄生虫侵入密尔沃基供水系统,造成100人死亡,40万人致病后,水质问题备受关注,如今纽约市民每天生活在饮水不净的威胁下。美国前总统克林顿宣布了一项投资23亿美元的清洁水行动计划,治理美国已受污染40%的水域。

虽然人们已经认识到污染江河湖泊等天然水资源的恶果,并着手进行治理,但毕竟已经遭受了巨大的损失,并将继续为此付出沉重的代价。

第一节　水污染概述

一、水环境

地球上的水以气态、液态和固态的形式存在,构成了自然地理环境的重要组成部分——水环境。它是水资源的存在形式和品质表征。水是生命之源,是人类赖以生存的最基本物质。据测定,人体是由水、蛋白质、脂肪、碳水化合物、无机盐和维生素6大类营养素构成的,其中水的含量最多,成人含水量为65%~70%,儿童含水量为80%左右,而婴儿含水量则高达90%。因此,人体绝大部分是由水组成的。水在人体中的主要功能有四个方面:其一,作为溶剂,可溶解体内的多种物质,使其保持一定的浓度,使营养素进入细胞并便于吸收,同时使代谢产物随体液带至排泄器官而排至体外;其二,调节体温,因为血液中含有大量的水分,可吸收体内新产生的热量,并随血液循环来调节体温;其三,水作为液体可输送糖、蛋白质、脂肪、维生素等营养物质到身体各部位;其四,水作为器官、关节及肌肉的润滑剂。由此可见,水对人体健康产生直接影响。人每天都必须补充一定量的水,才能维持生命活动。但是,人们只有饮用了清洁的水,水在人体内的功能才能实现。如果饮用了不清洁的水,水在人体内的功能就有可能不能全部实现,并且不洁净的水体内含有一些人体不需要的元素和化合物,进入人体后直接危害人体的机能,影响人体健康。

然而,随着现代化工业特别是有机化工、石油化工、医药、农药、化肥等工业的迅速发展,有机化合物的种类与日俱增,大量有机物通过各种途径进入了人类环境,特别是水环境,对人类健康形成了直接威胁。这种威胁可通过多种途径来实现,例如,污染饮用水源而直接危害人体健康,污染水生生物后通过食物链危害人体健康,污水灌溉农作物后污染物进入作物果实而危害人体健康等。迄今为止,人们已在水中分离检测出2 221种有害污染物。

在自然地理学上,水环境是指地表水体和地下含水层分布地域的自然综合体,包括地球上分布的各种水体以及与之密切相连的诸环境要素,如河床、植被、土壤、海岸等。水环境可分为地表水环境和地下水环境。地表水环境包括河流、湖泊、水库、海洋、沼泽、冰川等,地下水环境包括泉水、浅层地下水、深层地下水等。水环境是构成环境的基本要素之一,是人类赖以生存和发展的重要场所,同时也是受人类干扰和破坏最严重的环境。水环境与其他环境要素(如土壤、生物、大气等)相互影响、相互制约,构成有机的综合体。当水环境改变时,必然引起其他环境的变化。

广义的水环境是水生(态)环境,即为保护水体、涵养水源及防治水土流失所需的自然环境和社会环境。

狭义的水环境一般指河流、湖泊、沼泽、水库、地下水、冰川、海洋等地表贮水体中的水本身及水体中悬浮物、溶解物质、底泥,还包括水生生物等。

对水环境进行合理的保护和利用是环境保护与研究的重要内容。水环境保护包括两个方面:

(1)水生环境保护,即保护河流、湖泊及海洋等水体免遭污染。由于人类活动排放的污染物进入前述各水体,使水和水体底泥的物理、化学性质或生物群落组成发生变化,从而降低了水体的使用价值,特别是淡水水体水源的供水保障。

(2)陆生环境保护,即防治水土流失,减少河湖泥沙淤积;涵养水源,增加水体枯水期水量,保障可供水量,削减汛期洪峰流量,增加河湖对洪水的调蓄能力,降低水旱灾害损失。

水是有限的和易受损害的资源,保护水环境就是保护水资源,为人类生存和发展提供清洁、稳定的水源,维持各水体的健康和生态系统的稳定。

二、水污染

在水的自然循环中,往往有化学物质进入水中,其中从非污染环境(天然原始环境)进入的物质叫做自然杂质或本底杂质,从污染环境进入的物质则叫做污染物。如果进入水体中的污染物的数量或浓度超过水体的自净能力,那么水体原有的使用价值就会丧失,这种现象就叫做水污染。

水污染可以划分为以下几种基本类型:

(1)需氧型污染排放的废水中含有大量的有机物,这些有机物在被水体中的微生物氧化分解过程中要消耗水中的溶解氧,从而引起水中溶解氧浓度降低,水质恶化。

(2)毒物型污染排放的废水中含有有机毒物(如酚、农药等)、无机毒物(如汞、铬、砷、氰等)以及放射性物质等,引起水生生物受害中毒,并通过食物链,危害人类健康。

(3)富营养型污染排放的废水中含有大量的氮和磷,就可能引起水面滋生大量藻类及其他水生植物。夏季这些藻类覆盖水面,影响水面复氧;冬季这些藻类死亡,就会引起水中的需氧物激增,使水质恶化。

(4)其他类型污染包括感官型污染、浮油、酸碱、病原体、热等。

三、水体中主要污染物及其表征

(一)耗氧型污染物

耗氧型污染物包括碳水化合物、蛋白质、油脂、氨基酸、脂肪酸、脂类等有机物质。这些物质在被水体中微生物分解过程中,要消耗水中的溶解氧。水中有机物的种类繁多,成分复杂,可被水中微生物降解的程度也不一样。水质检测中常以溶解氧(DO)、生化需氧量(BOD)、化学需氧量(COD)、总需氧量(TOD)与总有机碳量(TOC)等指标来反映。

1.溶解氧(DO)

溶解氧(DO)是指溶解在水中的氧气的浓度。当水体中存在有机物质时,氧化分解需要消耗溶解在水中的氧气。若耗氧速度大于氧从大气溶入水体(即大气复氧)的速度,则表现为水体的DO值下降。因此,溶解氧(DO)能衡量水体受有机物污染的程度,是重要的水质指标之一。DO值越小,水质越差。

2.生化需氧量(BOD)

生化需氧量(BOD)是用微生物代谢作用所消耗的溶解氧量来间接表示水体被有机物污染程度的一个重要指标。其定义是:在有氧条件下,好氧微生物氧化分解单位体积水中有机物所消耗的游离氧的数量(mg/L)。一般有机物在微生物的新陈代谢作用下,其降解过程可分为两个阶段,第一阶段是有机物转化为 CO_2、NH_3 和 H_2O 的过程。第二阶段则是 NH_3 进一步在亚硝化菌和硝化菌的作用下,转化为亚硝酸盐和硝酸盐,即所谓硝化过程。NH_3 已是无机物,污水的生化需氧量一般仅指有机物在第一阶段生化反应所需要的氧量。微生物对有机物的降解与温度有关,一般最适宜的温度是15~30 ℃,所以在测定生化需氧量时一般以20 ℃作为测定的标准温度。20 ℃时在BOD的测定条件(氧充足、不搅动)下,一般有机物20 d才能够基本完成在第一阶段的氧化分解过程(完成过程的99%)。也就是说,测定第一阶段的生化需氧量,需要20 d,这在实际工作中是难以做到的。为此,又规定一个标准时间,一般以5 d作为测定BOD的标准时间,因而称之为五日生化需氧量,以 BOD_5 表示。BOD_5 约为 BOD_{20} 的70%。

3.化学需氧量(COD)

在一定条件下,用强氧化剂处理水样时所消耗的氧化剂的量(以氧计),称为化学需氧量,简写为COD,单位为mg/L。采用重铬酸钾($K_2Cr_2O_7$)作为氧化剂测定出的化学需氧量表示为 COD_{Cr},如果采用高锰酸钾作为氧化剂,则用 COD_{Mn} 表示,又叫做高锰酸钾指数。化学需氧量可以反映水体受还原性物质污染的程度。水中还原性物质包括有机物、亚硝酸盐、亚铁盐、硫化物等。重铬酸钾能够比较完全地氧化水中的有机物,如它对低碳直链化合物的氧化率为80%~90%,因此 COD_{Cr} 能够比较完全地表示水中有机物的含量。此外,COD_{Cr} 测定需时较短,不受水质限制,因此作为监测工业废水污染的指标。COD_{Cr} 的缺点是不能像 BOD_5 那样表示出被微生物氧化的有机物的量,另外废水中的还原性无机物也能消耗部分氧量,造成一定的误差。

如果废水成分相对稳定，则 COD_{Cr} 与 BOD_5 之间有一定的比例关系，且把 BOD_5/COD_{Cr} 作为废水是否适宜生化处理的一个衡量指标，一般认为 $BOD_5/COD_{Cr} > 0.3$ 的废水可采用生化法处理。一般情况下，$COD > BOD_{20} > BOD_5 > COD_{Mn}$。

4. 总需氧量（TOD）与总有机碳量（TOC）

TOD 表示水样中有机污染物在高温下完全燃烧氧化所需氧量；TOC 则代表水体中有机污染物的总碳量，以高温燃烧有机污染物所产生的 CO_2 值来反映，可以进行自动快速测定，克服了 BOD_5 不能迅速及时反映水体被有机物污染程度的缺陷。有机物分解使水体溶解氧缺乏，影响鱼类和其他水生生物生长，甚至威胁其生存。水中溶解氧耗尽后，有机物将转入厌氧分解，产生硫化氢、氨和硫醇等，气味难闻，水色变黑，水质恶化，除厌氧微生物外，其他生物难以生存。水中耗氧有机物来源广、数量大，例如生活污水和造纸、石油、化工、食品、制革等行业排放的废水都含有大量的有机物。

（二）植物营养物

植物营养物主要是指氮、磷、钾、硫及其化合物。如果氮、磷等植物营养物质大量而连续地进入湖泊、水库及海湾等缓流水体，将促使各种水生生物生长，刺激它们快速繁殖（主要是藻类），就可能带来一系列严重后果：其一，藻类在水体中占据的空间越来越大，使鱼类活动的空间越来越小，衰死的藻类将沉积塘底；其二，藻类种类逐渐减少，并由以硅藻和绿藻为主转为以蓝藻为主，而蓝藻有很多种有胶质膜，不适于作鱼饵料，且其中有些种属是有毒的；其三，藻类过度生长繁殖，将造成水中溶解氧的急剧变化，死亡藻类的分解将消耗大量的氧，有可能在一定时间内使水体处于严重缺氧状态，影响鱼类生存；其四，可使漂浮在水面的某些植物如凤眼莲（水葫芦）等“疯长”。藻类死亡和某些植物的茎叶脱落后，沉入水底，在无氧条件下腐烂、分解，又将氮、磷等重新释放进入水中，再供给藻类利用。这样周而复始，形成了氮、磷等植物营养物质在水体内部循环，使植物营养物质长期保存在水体中。所以，缓流水体一旦出现富营养化，即使切断外界营养物质的来源，水体也很难恢复，这是水体富营养化的重要特征。所谓水体富营养化，是指天然水体中由于过量营养物质的排入而引起各种浮游生物和水生生物异常繁殖和生长的现象。这些过量营养物质主要来自于农田施肥、农业废弃物、城市生活污水和某些工业废水。污水中的氮可分为有机氮和无机氮两类，前者是含氮化合物，如蛋白质、多肽、氨基酸和尿素等；后者则指氨氮、亚硝酸态氮，其中大部分直接来自污水，但也有一部分是有机氮经微生物分解转化作用而形成的。城市生活污水中含有丰富的氮、磷，如人体排泄物含有一定数量的氮，使用含磷洗涤剂，含有大量的磷等。另外，如磷灰石、硝石、鸟粪层的开采以及化肥的大量施用，也是氮、磷等营养物质进入水体的来源。一般来说，静水中总磷和无机氮分别为 20 mg/m^3 和 300 mg/m^3，就可以认为水体已处于富营养化的状态。但是，富营养化问题的关键，不是水中营养物的浓度，而是连续不断地流入水体中的营养物的负荷量，因此不能完全根据水中营养物浓度来判定水体富营养化程度。水体中营养物的极限负荷量有两种表示方法：单位体积负荷量 $g/(m^3 \cdot a)$ 或单位面积负荷量 $g/(m^2 \cdot a)$。据研究，如果进入水体中的磷大部分以生物代谢的方式流入，那么贫营养湖与富营养湖之间临界负荷量是：总磷 $0.2 \sim 0.5\ g/(m^2 \cdot a)$，总氮 $5 \sim 10\ g/(m^2 \cdot a)$。对发生富营养化作用来说，磷的作用远远大于氮的作用，磷的含量不很高时就可以引起富营养化。一般常用高锰酸钾指数来表示富营养化程度。在自然地理的正常演变中,湖泊会由贫营养湖发展为富营养湖,进一步又发展为沼泽地和干地,但这一历程在自然条件下需几万年甚至几十万年。但由于水体污染而造成的富营养化将大大促进这一过程。

(三)重金属

水环境质量中研究的重金属主要指汞、镉、铅、铬以及非金属砷等生物毒性显著的重金属元素,通常将这五种重金属称为“五毒物质”。重金属污染物质最主要的特征是:在水中不能被微生物降解,而只能发生形态之间的相互转化、分散和富集。水体中重金属含量一般以浓度来表征。

(四)农药

农药可以对环境造成广泛影响,它通过大气、水体、土壤、作物经食物链富集造成危害。由于农药的化学性质不同,在环境中的降解度不同,对人体的影响也不同。环境中的农药,可通过消化道、呼吸道和皮肤等途径进入人体。其中有机磷农药、有机氯农药是造成人体急性或慢性中毒的主要污染物。有机磷农药是一种神经毒剂,它能抑制人体内胆碱酯酶,造成乙酰胆碱聚积,导致神经功能紊乱等。

(五)石油类

石油及其制品是水体重要污染物之一,港口、河口和近海等水域中的石油污染更为突出。近年来,因人类活动,全世界每年排入海洋的石油及其制品高达数百万吨至上千万吨,约占世界石油总产量的5%。石油及其制品进入水体之后,可发生复杂的物理和化学变化,如扩展、蒸发、溶解、卤化、光化学氧化,不易氧化分解的形成沥青块而沉入水底。石油污染给环境带来严重的后果,这不仅是因为石油的各种成分都有一定的毒性,而且油膜具有破坏生物的正常生活环境、造成生物机能障碍的物理作用。

(六)酚类

在酚类化合物中苯酚毒性最大,炼焦、生产煤气、炼油等行业所排废水中以苯酚为主。酚类化合物是一种细胞原浆毒,其毒性作用是与细胞原浆中蛋白质发生化学反应,形成变性蛋白质,使细胞失去活性。酚类化合物污染地表水,如果作为饮用水源,酚类化合物与水中余氯作用生成令人厌恶的氯酚臭类物质,使自来水有特殊氯酚臭,其嗅觉阈值为0.01 mg/L。水体低浓度酚影响鱼类生殖洄游,仅0.1~0.2 mg/L时,鱼肉就有异味,降低食用价值;浓度高时可使鱼类大量死亡,甚至绝迹。

(七)氰化物

氰化物分成两类,一类为无机氰,如氢氰酸及其盐类如氰化钠、氰化钾等,另一类为有机氰。水体中的氰化物主要来源为化工、冶金、炼焦、电镀和选矿等工业废水。这些废水除含有大量氰化物外,往往还含有酚类、重金属或其他污染物。氰化物在水中不仅可以被稀释,也可被水解生成氢氰酸,然后挥发进入大气,水中的氰化物也就逐渐消失。氰化物是剧毒物质,它对鱼类及其他水生生物的危害较大,水中氰化物含量折合成氰离子,浓度达0.04~0.1 mg/L时,能使鱼类死亡。浮游生物和甲壳类生物对氰离子的最大容许浓度为0.01 mg/L。氰化物在水中对鱼类的毒性还与水的pH值、溶解氧及其他金属离子的存在有关。此外,含氰废水还会造成农业减产,牲畜死亡。

（八）废热

热污染是指人类产生的一种过剩能量排入水体，使水体升温影响水生态系统结构的变化，造成水质恶化的一种污染。水体热污染主要来源于工业冷却水。其中以能源工业为主，其次为冶金、化工、石油、造纸和机械工业。在美国，动力工业冷却水量占全国工业冷却水量的80%以上。水温升高，水中化学反应和生化反应速率也随之提高，许多有毒物质的毒性增强，如氰化物、重金属离子。水体热污染可使水生生物群落、种群结构发生剧烈变化，有的消失，有的发展，如20 ℃的河流中，硅藻为优势种；30 ℃时绿藻就转变成为优势种；35～40 ℃时蓝藻就大量繁殖起来。如果水温在短时间内升高5 ℃左右，鱼类生活将受到威胁，甚至死亡。

（九）酸碱及一般无机盐类

酸性废水主要来自矿山排水、冶金与金属加工酸洗废水和酸雨等。碱性废水主要来自碱法造纸、人造纤维、制碱、制革等工业废水。酸、碱废水彼此中和，可产生各种盐类，它们分别与地表物质反应也能生成一般无机盐类，所以酸和碱的污染也伴随着无机盐类污染。酸、碱废水破坏水体自然缓冲作用，消灭或抑制细菌及微生物的生长，妨碍水体的自净功能，腐蚀管道和船舶。酸碱污染不仅能改变水体的pH值，而且可大大增加水中的一般无机盐类和水的硬度。

（十）放射性物质

放射性物质在化工、冶金、医学、农业等行业使用，并随污水排入水体，形成放射性污染。污染水体的最危险的放射性物质有锶90、铯137等，这些物质半衰期长，化学性能与组成人体的主要元素钙、钾相似，经水和食物进入人体后，能在一定部位积累，增加对人体的放射性辐照，可引起遗传变异或癌症。

（十一）病原微生物和致癌物

水体中病原微生物主要来自生活污水、医院废水，制革、屠宰、洗毛等工业废水，以及牧畜污水。病原微生物有三类：①病菌，即可引起疾病的细菌，如大肠杆菌、痢疾杆菌等；②病毒，一般没有细胞结构但有遗传、变异、共生、干扰生命现象的作用，如麻疹、流行性感冒病毒等；③寄生虫，即动物寄生物的总称，如疟原虫、血吸虫等。病原微生物是水体污染中主要的污染物。根据流行病学调查结果认为，诱发人类癌症的外部因素80%～90%是化学物质、病毒和放射性物质等环境因素，其中以化学物质为主。目前，已知有上千种化学致癌物质，这些化学致癌物质一般分为三大类：多环芳烃、杂环化合物和芳香胺类。至少有20多种多环芳烃有致癌作用。黄曲霉素是一种杂环化合物，是黄曲霉的一种代谢产物，有强致癌性，可引起肝癌等。芳香胺中有a－萘胺、萘胺、联苯胺等，可引起肝癌、膀胱癌等。水体中致癌物质来源很广，如多环芳烃来自焦化厂、煤气厂、石油精炼厂。大气中的致癌物质通过降水、降尘进入水体。一些工业废水，如石棉开采、金属冶炼等将致癌化合物排入水体，特别是人工合成高分子物质，进入水体后，危害水生生物。据报道，鱼类中的突变率很高，癌变率也高，这些都值得注意。

第二节　中国水污染状况

水环境保护是环境保护工作的重中之重，全国 318 条主要河流、28 个重点湖库每月开展地表水水质监测，监测流域占国土面积的 71.9%，监测水量占我国地表水径流量的 90%以上。对 113 个环保重点城市的集中式饮用水源地逐月开展了水质监测；近岸海域监测覆盖面积达 260 万 km²；在河流省界与市界断面国家与地方建设了近 300 个水质自动监测站；在 39 条国界河流、两个界湖的 78 个断面开展监测。

一、河流水环境状况

根据《2010 年中国环境状况报告》，我国地表水河流中，长江、黄河、珠江、松花江、淮河、海河和辽河七大水系总体为轻度污染。204 条河流 409 个地表水国控监测断面中，Ⅰ～Ⅲ类、Ⅳ～Ⅴ类和劣Ⅴ类水质的断面比例分别为 59.9%、23.7%和 16.4%。主要污染指标为高锰酸盐指数、五日生化需氧量和氨氮。其中，长江、珠江水质良好，松花江、淮河为轻度污染，黄河、辽河为中度污染，海河为重度污染（见图 4-1）。

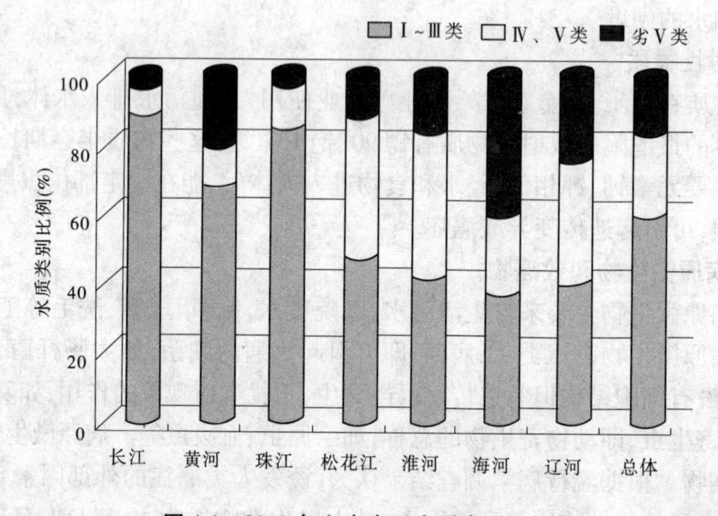

图 4-1　2010 年七大水系水质类别比例

（一）长江水系

长江水系水质总体良好。105 个国控监测断面中，Ⅰ～Ⅲ类、Ⅳ类、Ⅴ类和劣Ⅴ类水质的断面比例分别为 88.6%、6.6%、1.0%和 3.8%。长江干流水质总体为优。与上年相比，水质无明显变化。长江支流水质总体良好。与上年相比，水质无明显变化。十大支流中，雅砻江、岷江、嘉陵江、乌江、沅江和汉江水质为优；大渡河、沱江、湘江和赣江水质良好。但岷江眉山段、湘江衡阳段和赣江南昌段为轻度污染，主要污染指标均为氨氮。

（二）黄河水系

黄河水系水质总体为中度污染。44 个国控监测断面中，Ⅰ～Ⅲ类、Ⅳ类、Ⅴ类和劣Ⅴ类水质的断面比例分别为 68.2%、4.5%、6.8%和 20.5%。主要污染指标为五日生化需氧量、石油类和氨氮。

黄河干流水质总体为优。与上年相比,水质无明显变化。

黄河支流总体为重度污染。与上年相比,水质无明显变化。主要污染指标为五日生化需氧量、石油类和氨氮。伊河、洛河和沁河水质为优,伊洛河为轻度污染,湟水河、大黑河、北洛河为中度污染,其余支流为重度污染。渭河西安段和渭南段,湟水河西宁下游段,汾河太原段、临汾段和运城段,涑水河运城段污染严重。

省界河段为中度污染。11 个断面中,Ⅰ~Ⅲ类、Ⅴ类和劣Ⅴ类水质的断面比例分别为 63.6%、9.1% 和 27.3%。主要污染指标为氨氮、五日生化需氧量和高锰酸盐指数。渭河渭南潼关吊桥断面(陕—豫、晋)、汾河运城河津大桥断面(晋—陕、晋)和涑水河运城张留庄断面(晋—陕、晋)污染严重。

(三)珠江水系

珠江水系水质总体良好。33 个国控监测断面中,Ⅰ~Ⅲ类、Ⅳ类和劣Ⅴ类水质的断面比例分别为 84.9%、12.1% 和 3.0%。珠江干流水质总体良好。与上年相比,水质无明显变化。珠江广州段为中度污染,主要污染指标为氨氮、石油类和溶解氧。珠江支流水质总体为优。与上年相比,水质无明显变化。深圳河为重度污染,主要污染指标为氨氮、高锰酸盐指数和五日生化需氧量。

海南岛内河流中万泉河水质为优,海甸溪为轻度污染,主要污染指标为石油类。

省界河段水质为优。7 个断面中,2 个为Ⅰ类,3 个为Ⅱ类,2 个为Ⅲ类。与上年相比,水质无明显变化。

(四)松花江水系

松花江水系总体为轻度污染。42 个国控监测断面中,Ⅰ~Ⅲ类、Ⅳ类、Ⅴ类和劣Ⅴ类水质的断面比例分别为 47.6%、35.7%、4.8% 和 11.9%。主要污染指标为高锰酸盐指数、氨氮和五日生化需氧量。

松花江干流总体为轻度污染。主要污染指标为高锰酸盐指数、氨氮和石油类。与上年相比,水质无明显变化。松花江支流总体为中度污染。主要污染指标为高锰酸盐指数、五日生化需氧量和氨氮。与上年相比,水质有所好转。5 个省界断面中,Ⅱ类水质断面 2 个、Ⅲ类水质断面 2 个、Ⅳ类水质断面 1 个。

(五)淮河水系

淮河水系总体为轻度污染。86 个国控监测断面中,Ⅰ~Ⅲ类、Ⅳ类、Ⅴ类和劣Ⅴ类水质的断面比例分别为 41.9%、32.5%、9.3% 和 16.3%。主要污染指标为五日生化需氧量、高锰酸盐指数和石油类。

淮河干流水质总体为优。与上年相比,水质有所好转。

淮河支流总体为中度污染。主要污染指标为五日生化需氧量、高锰酸盐指数和氨氮。与上年相比,水质无明显变化。主要一级支流中,史灌河水质为优,浉河和潢河水质良好,洪河、洪河分洪道、西淝河、沱河和浍河为轻度污染,颍河为中度污染,涡河为重度污染。

省界河段为中度污染。33 个断面中,Ⅰ~Ⅲ类、Ⅳ类、Ⅴ类和劣Ⅴ类水质的断面比例分别为 24.2%、39.4%、15.2% 和 21.2%。主要污染指标为高锰酸盐指数、五日生化需氧量和石油类。与上年相比,水质有所好转。

（六）海河水系

海河水系总体为重度污染。62 个国控监测断面中，Ⅰ～Ⅲ类、Ⅳ类、Ⅴ类和劣Ⅴ类水质的断面比例分别为 37.1%、11.3%、11.3% 和 40.3%。主要污染指标为高锰酸盐指数、五日生化需氧量和氨氮。

海河干流总体为重度污染，海河大闸和三岔口断面的水质分别为劣Ⅴ类和Ⅳ类，主要污染指标为高锰酸盐指数、五日生化需氧量和氨氮。与上年相比，水质无明显变化。

海河水系其他主要河流总体为重度污染。主要污染指标为高锰酸盐指数、五日生化需氧量和氨氮。与上年相比，水质无明显变化。主要河流中，永定河水质为优；滦河和南运河水质良好；大沙河、漳卫新河、子牙河、徒骇河、北运河和马颊河等为重度污染。

省界河段为重度污染。19 个断面中，Ⅰ～Ⅲ类、Ⅳ类、Ⅴ类和劣Ⅴ类水质的断面比例分别为 42.1%、5.3%、21.0% 和 31.6%。主要污染指标为高锰酸盐指数、五日生化需氧量和氨氮。与上年相比，水质无明显变化。

（七）辽河水系

辽河水系总体为中度污染。37 个国控监测断面中，Ⅰ～Ⅲ类、Ⅳ类、Ⅴ类和劣Ⅴ类水质的断面比例分别为 40.5%、16.3%、18.9% 和 24.3%。主要污染指标为氨氮、高锰酸盐指数和石油类。

辽河干流总体为轻度污染。主要污染指标为五日生化需氧量、石油类和氨氮。老哈河水质为优，东辽河水质良好，西辽河和辽河为中度污染。与上年相比，老哈河水质无明显变化，西辽河水质有所下降，东辽河和辽河水质有所好转。

辽河支流总体为重度污染。与上年相比，水质无明显变化。西拉沐沦河为轻度污染，条子河和招苏台河为重度污染。主要污染指标为高锰酸盐指数、五日生化需氧量和氨氮。

大辽河及其支流总体为重度污染。浑河沈阳段、太子河鞍山段和大辽河营口段污染严重。主要污染指标为氨氮、石油类和高锰酸盐指数。与上年相比，水质有所好转。

大凌河水质总体良好。与上年相比，水质明显好转。

3 个省界断面中，Ⅱ类、Ⅳ类和劣Ⅴ类水质的断面各 1 个。与上年相比，水质有所好转。

（八）浙闽区河流

浙闽区河流水质总体良好。31 个国控监测断面中，Ⅰ～Ⅲ类和Ⅳ类水质的断面比例分别为 80.6% 和 19.4%。与上年相比，水质有所好转。

（九）西南诸河

西南诸河水质总体良好。17 个国控监测断面中，Ⅰ～Ⅲ类和劣Ⅴ类水质的断面比例分别为 88.2% 和 11.8%。与上年相比，水质无明显变化。

（十）西北诸河

西北诸河水质总体为优。28 个国控监测断面中，Ⅰ～Ⅲ类、Ⅴ类和劣Ⅴ类水质的断面比例分别为 92.8%、3.6% 和 3.6%。与上年相比，水质明显好转。

二、湖泊（水库）水环境状况

湖泊的污染情况比河流要严重，劣Ⅴ类水质占到了 50%，40% 以上的湖泊富营养化。

26个国控重点湖泊(水库)中,满足Ⅱ类水质的1个,占3.8%;Ⅲ类的5个,占19.2%;Ⅳ类的4个,占15.4%;Ⅴ类的6个,占23.1%;劣Ⅴ类的10个,占38.5%。主要污染指标是总氮和总磷(见表4-1)。大型水库水质好于大型淡水湖泊和城市内湖。26个国控重点湖泊(水库)中,营养状态为重度富营养的1个,占3.8%;中度富营养的2个,占7.7%;轻度富营养的11个,占42.3%;其他均为中营养,占46.2%。

表4-1　2010年重点湖库水质类别

湖库类型	个数	Ⅰ类	Ⅱ类	Ⅲ类	Ⅳ类	Ⅴ类	劣Ⅴ类	主要污染指标
三湖*	3	0	0	0	0	1	2	总氮、总磷
大型淡水湖	9	0	0	3	0	3	3	
城市内湖	5	0	0	0	2	1	2	
大型水库	9	0	1	2	2	1	3	
总计	26	0	1	5	4	6	10	
比例(%)		0	3.8	19.2	15.4	23.1	38.5	

注:*三湖是指太湖、滇池和巢湖。

(一)太湖

太湖水质总体为劣Ⅴ类。主要污染指标为总氮和总磷。湖体处于轻度富营养状态。与上年相比,水质无明显变化。

太湖环湖河流总体为轻度污染。88个国控监测断面中,Ⅰ~Ⅲ类、Ⅳ类、Ⅴ类和劣Ⅴ类水质的断面比例分别为43.0%、33.0%、12.0%和12.0%。主要污染指标为氨氮和石油类。与上年相比,水质有所好转。

(二)滇池

滇池水质总体为劣Ⅴ类。主要污染指标为总磷、总氮和高锰酸盐指数。与上年相比,水质无明显变化。草海和外海均处于重度富营养状态。

滇池环湖河流总体为重度污染。8个国控监测断面中,Ⅱ类、Ⅲ类和劣Ⅴ类水质的断面比例分别为37.5%、12.5%和50.0%。主要污染指标为氨氮、五日生化需氧量和高锰酸盐指数。与上年相比,水质明显好转。

(三)巢湖

巢湖水质总体为Ⅴ类。主要污染指标为总氮、总磷和石油类。西半湖处于中度富营养状态,东半湖处于轻度富营养状态,全湖平均为轻度富营养状态。与上年相比,水质无明显变化。

巢湖环湖河流总体为重度污染。12个国控监测断面中,Ⅱ类、Ⅲ类、Ⅳ类和劣Ⅴ类水质的断面比例分别为8.3%、25.0%、16.7%和50.0%。主要污染指标为氨氮、五日生化需氧量和石油类。与上年相比,水质无明显变化。

(四)其他大型淡水湖泊

监测的9个重点国控大型淡水湖泊中,镜泊湖、洱海和博斯腾湖为Ⅲ类水质,洪泽湖、鄱阳湖和南四湖为Ⅴ类水质,达赉湖、白洋淀和洞庭湖为劣Ⅴ类水质。大型淡水湖泊的主要污染指标为总氮、总磷和高锰酸盐指数(见表4-2)。与上年相比,洪泽湖水质好转,鄱阳湖、南四湖和洞庭湖水质变差,其他大型淡水湖泊水质无明显变化。

表4-2 2010年重点大型淡水湖泊水质状况

名称	综合营养状态指数	营养状态	水质类别	主要污染指标
达赉湖	65.2	中度富营养	劣Ⅴ	高锰酸盐指数、总磷、总氮
白洋淀	60.3	中度富营养	劣Ⅴ	氨氮、总磷、总氮
洪泽湖	58.2	轻度富营养	Ⅴ	总磷、总氮
鄱阳湖	51.5	轻度富营养	Ⅴ	总磷、总氮
南四湖	50.7	轻度富营养	Ⅴ	总磷
洞庭湖	50.4	轻度富营养	劣Ⅴ	总氮、总磷
镜泊湖	43.3	中营养	Ⅲ	—
洱海	40.6	中营养	Ⅲ	—
博斯腾湖	38.1	中营养	Ⅲ	—

镜泊湖、洱海和博斯腾湖为中营养状态,洪泽湖、鄱阳湖、南四湖和洞庭湖为轻度富营养状态,达赉湖和白洋淀为中度富营养状态。

(五)城市内湖

监测的5个城市内湖中,昆明湖(北京)和东湖(武汉)为Ⅳ类水质,玄武湖(南京)为Ⅴ类水质,西湖(杭州)和大明湖(济南)为劣Ⅴ类水质。各湖主要污染指标为总氮和总磷(见表4-3)。与上年相比,5个城市内湖水质均无明显变化。

昆明湖为中营养状态,东湖、玄武湖、大明湖和西湖为轻度富营养状态。

表4-3 2010年城市内湖水质评价结果

名称	综合营养状态指数	营养状态	水质类别	主要污染指标
东湖	57.4	轻度富营养	Ⅳ	总磷、总氮
玄武湖	56.2	轻度富营养	Ⅴ	总氮、总磷
大明湖	51.7	轻度富营养	劣Ⅴ	总氮
西湖	51.0	轻度富营养	劣Ⅴ	总氮
昆明湖	46.4	中营养	Ⅳ	总氮

(六)大型水库

监测的9座大型水库中,密云水库(北京)为Ⅱ类水质,千岛湖(浙江)和董铺水库(安徽)为Ⅲ类水质,丹江口水库(湖北、河南)和于桥水库(天津)为Ⅳ类水质,松花湖(吉林)为Ⅴ类水质,门楼水库(山东)、大伙房水库(辽宁)和崂山水库(山东)为劣Ⅴ类水质。各水库主要污染指标为总氮(见表4-4)。与上年相比,于桥水库水质好转,松花湖和大伙房水库水质变差,其他大型水库水质无明显变化。

崂山水库为轻度富营养状态,其余水库均为中营养状态。

表4-4　2010年大型水库水质评价结果

名称	营养状态指数	营养状态	水质类别	主要污染指标
崂山水库	52.1	轻度富营养	劣Ⅴ	总氮
松花湖	49.8	中营养	Ⅴ	总氮、总磷
于桥水库	46.1	中营养	Ⅳ	总氮
董铺水库	45.6	中营养	Ⅲ	—
大伙房水库	45.5	中营养	劣Ⅴ	总氮
门楼水库	37.8	中营养	劣Ⅴ	总氮
密云水库	35.5	中营养	Ⅱ	—
丹江口水库	35.0	中营养	Ⅳ	总氮
千岛湖	33.1	中营养	Ⅲ	—

(七)重点水利工程

1. 三峡库区

三峡库区水质总体为优。库区6个国控断面中,2个断面水质为Ⅰ类,其余均为Ⅱ类。

2. 南水北调东线工程沿线

南水北调东线工程沿线总体为轻度污染。10个国控监测断面中,Ⅰ～Ⅲ类、Ⅳ类和劣Ⅴ类水质的断面比例分别为60.0%、30.0%和10.0%。主要污染指标为高锰酸盐指数、五日生化需氧量和石油类。与上年相比,水质有所好转。

三、地下水环境质量状况

长期以来"重地表,轻地下",地下水污染比地表水污染更严重。2010年,对全国182个城市开展了地下水水质监测工作,水质监测点总数为4 110个。水质为优良级的监测点为418个,占全部监测点的10.2%;水质为良好级的监测点为1 135个,占27.6%;水质为较好级的监测点为206个,占5.0%;水质为较差级的监测点为1 662个,占40.4%;水质为极差级的监测点为689个,占16.8%。主要污染指标是总硬度、氨氮、亚硝酸盐氮、硝酸盐氮、铁和锰等。水质为优良、良好、较好级的监测点总计为1 759个,占全部监测点的42.8%,2 351个监测点的水质为较差、极差级,占全部监测点的57.2%。

全国主要城市的地下水水质状况与上年比较以稳定为主。其中,水质变好的城市主要集中在华东地区,华北、东北、西北地区仅有少数城市水质变好;水质变差的城市主要集中在华北、东北和西北地区,华东及中南、华南地区仅有少量城市水质变差。

四、全国重点城市主要集中式饮用水源地水质

2010年,全国113个环保重点城市共监测395个集中式饮用水源地,其中地表水源地245个,地下水源地150个。监测结果表明,重点城市年取水总量为220.3亿t,达标水量为168.5亿t,占76.5%;不达标水量为51.8亿t,占23.5%。

五、废水和主要污染物排放量

2010 年,全国废水排放总量为 617.3 亿 t,比上年增加 4.8%;化学需氧量排放量为 1 238.1万 t,比上年下降 3.1%;氨氮排放量为 120.3 万 t,比上年下降 1.9%(见表 4-5)。

表 4-5　全国废水和主要污染物排放量年际变化

年度	废水排放量(亿 t)			化学需氧量排放量(万 t)			氨氮排放量(万 t)		
	合计	工业	生活	合计	工业	生活	合计	工业	生活
2006	536.8	240.2	296.6	1 428.2	541.5	886.7	141.3	42.5	98.8
2007	556.8	246.6	310.2	1 381.9	511.1	870.8	132.4	34.1	98.3
2008	572.0	241.9	330.1	1 320.7	457.6	863.1	127.0	29.7	97.3
2009	589.2	234.4	354.8	1 277.5	439.7	837.8	122.6	27.3	95.3
2010	617.3	237.5	379.8	1 238.1	434.8	803.3	120.3	27.3	93.0

六、水污染的总体形势

工业污染结构性问题明显,饮用水水源水质安全依然面临威胁,农业源污染日益突出,突发水污染事件时有发生,富营养化状况没有明显改善(尤其是湖泊、水库)。

对不同的污染物控制和采用的方法也不同。常规污染物,如工业和城镇生活、规模化养殖等点源污染,农村生活、分散式畜禽养殖、水产养殖、农业面源污染,采用常规防治方法;有毒有害、痕量污染物,表现形式常常以突发事件出现,多数控制措施是以采用应急方式来处理。第一次全国污染源普查结果显示,废水排放总量 2 092.81 亿 t,化学需氧量 3 028.96万 t,氨氮 172.91 万 t,总氮 472.89 万 t,总磷 42.32 万 t,石油类 78.21 万 t,重金属(镉、铬、砷、汞、铅)0.09 万 t。

(一)工业污染结构性问题明显

主要污染物集中在少数行业,造纸、化工、纺织等行业化学需氧量、氨氮排放量占全部工业排放量的比例非常大,如黄河流域。黄河中上游长期以来形成了以重化工为主的工业结构,煤炭、石油等资源开发强度大,利用效率较低,污染排放强度高的行业分布比较密集。流域内化工、食品酿造、石油加工、炼焦、造纸等主导产业污染比较严重,部分企业工艺落后,原材料及水资源利用效率低,污染治理设施投入严重不足,有些企业甚至排放汞、镉、铅、砷、六价铬、挥发酚、氰化物等有毒有害物质,严重威胁饮水安全,容易发生水污染事故。

(二)饮用水水源水质安全依然面临威胁

根据环境保护部 2007 ~2010 年开展的饮用水水源基础环境状况调查显示,有 1/5 左右的水源地存在污染物超标现象。对于不同的水源地,其超标情况不同,如河流型主要是氨氮、总氮、总磷、粪大肠菌群、COD_{Mn}、挥发酚、石油类超标;湖库型主要是总氮、总磷、藻类超标;地下水型主要是自然本底、氨氮、重金属超标。

目前饮用水水源地的环境管理还仅限于主要污染物,有毒有机污染物的监测与管理在大多数地方还未纳入工作范围。

(三)农业源污染日益突出

根据第一次全国污染源普查结果,农业源污染物排放对水环境的影响较大,其化学需氧量、总氮和总磷排放量为1 324.09万t、270.46万t和28.47万t,分别占全国排放量的43.7%、57.2%和67.3%。要从根本上解决我国的水污染问题,必须把农业源污染防治纳入环境保护的重要议程。

(四)突发水污染事件时有发生

近年来,突发水污染事件时有发生,如松花江污染事件、紫金矿业污染事件、江苏盐城饮用水源污染、福建泉港区城市污水处理厂群体性事件、太湖蓝藻暴发事件、云南阳宗海砷污染事件。

七、已开展的工作及存在的问题

(一)水污染防治法律制度逐步完善

1984年5月11日,《中华人民共和国水污染防治法》(简称《水污染防治法》)由第六届全国人大常委会第五次会议通过,自1984年11月1日起施行;1996年5月15日,根据第八届全国人大常委会第十九次会议通过的《关于修改〈中华人民共和国水污染防治法〉的决定》作了部分修改。

2008年2月28日,新的《水污染防治法》由第十届全国人大常委会第三十二次会议通过,自2008年6月1日起施行。2008年修订通过的《水污染防治法》,为全面推动新时期水污染防治工作提供了坚实的法律依据。新修订的《水污染防治法》,对很多条款都进行了补充和完善,如地下水污染防治方面、饮用水安全方面、水污染责任、处罚力度等都进行了完善。

从三年多来的实践看,修订后的《水污染防治法》对水环境保护工作起到了至关重要的作用,已经成为水污染防治工作新的准绳。

(二)水污染物排放总量得到有效控制

(1)主要污染物排放总量持续下降,"十一五"目标如期完成。在我国经济快速增长、能源消耗加速的情况下,主要污染物排放总量依然保持了持续下降。2009年,全国化学需氧量、二氧化硫排放总量分别为1 277.5万t、2 214.4万t,比2008年分别下降3.27%和4.60%;与2005年相比,分别下降9.66%和13.14%,二氧化硫减排进度已超过"十一五"减排10%的目标要求。

(2)强化目标考核与责任追究制度,加大减排预警。"十一五"前四年,环境保护部公开通报8座城市、17家电厂、2家钢铁集团和29座污水处理厂,并责令限期整改;处罚18家电厂;对4座城市和3家电力集团、1家钢铁集团实行区域或集团限批;对减排进度较慢的8省(区)发出减排预警,约谈政府领导,加强督察指导。

(3)出台一系列有利于污染减排的经济政策,推进排污权交易试点。

(4)全力推动工程减排、结构减排,促进了经济增长方式转变。"十一五"前四年,第一,累计新增城市污水处理能力4 460万t/a,全国城镇污水处理总能力达到1.058亿t/a;第二,3 000多家重点排污企业建成深度治理设施;第三,累计淘汰水泥落后产能2.14亿

t、炼铁 8 100 万 t、炼钢 6 000 万 t、炼焦 6 300 万 t；第四，关闭了一批造纸、化工、味精、酒精和酿造企业。

（三）饮用水安全保障工作得到加强

（1）编制饮用水安全保障相关规划。制定了我国第一部饮用水水源地环境保护规划《全国城市饮用水水源地环境保护规划（2008～2020 年）》。“以防为主、防治结合、统筹规划、综合治理、突出重点、分布实施、创新机制、加强监管、明确职责、强化考核”。

（2）不断加大饮用水水源环境保护的执法监督力度。仅 2009 年，环境保护部就检查饮用水水源地 3 177 个，取缔关闭企业 831 家、直接排污口 220 个，拆除违法建设项目 780 个，对 2006～2008 年 56 起涉及饮用水安全的突发环境事件进行追踪调查。

（3）大力解决农村饮水安全问题。2006～2009 年，中央政府累计投资 390 亿元，累计解决了 1.54 亿农村人口饮水问题。

（四）重点流域水污染防治工作取得进展

“九五”期间，重点开展了淮河、海河、辽河、太湖、巢湖、滇池的水污染防治工作，“十五”增加了三峡库区及其上游、南水北调水源地及其沿线，“十一五”增加了松花江、黄河小浪底库区及其上游。从“九五”到“十一五”，进行了 15 年的重点流域水污染防治工作，编制了《重点流域水污染防治专项规划实施情况考核暂行办法》。

（五）农村环境保护工作取得积极进展

（1）积极实施“以奖促治”、“以奖代补”等政策，加强了农村小型污水处理设施的建设，促进了养殖业的污染治理。

（2）积极开展农村污染防治。

（3）努力探索面源污染治理。

（六）环境执法与应急管理工作逐步强化

（1）2009 年，全国出动执法人员 242 万余人次，检查企业 98 万多家次，查处环境违法案件 1 万多件，挂牌督办 2 587 件，119 名责任人被追究责任。

（2）开展扩内需保增长建设项目专项检查，对 23 个省（区、市）313 家企业（项目）进行现场检查，查出 62 家企业（项目）存在环境违法问题。

（3）开展规模化畜禽养殖场执法检查，共检查 33 000 余家，依法查处环境违法问题 19 000 多件，关闭禁养区内规模化养殖场 1 035 家。

（4）加强全过程环境应急管理。2009 年环境保护部直接调度处理 171 起突发环境事件，同比增长 26.67%。

（七）水污染防治支撑体系不断强化

（1）三大工程成果丰硕。污染源普查、环境宏观战略研究、水污染专项治理是环境保护三大基础性战略工程。

（2）环境监测转型加快推进。2009 年国控废水排放企业年均达标率为 78%，同比增长 12 个百分点；污水处理厂年均达标率为 70%，同比增长 9 个百分点。

（3）宣传教育、国际合作扎实推进。在《关于做好新形势下环境宣传教育工作的意见》指导下，利用“六五”环境日、第十三届世界湖泊大会，积极开展宣传。

（八）存在的问题

污染减排压力有增无减，环境安全隐患问题突出，污水处理配套设施建设滞后，环境监管能力有待加强，环境保护监测能力严重滞后。水污染防治工作依然存在不足，面临一些挑战和困难。

（1）近些年来环境保护取得明显成效，局部地区水环境质量有了较大改善，但是水环境污染恶化的趋势总体尚未得到根本扭转。

（2）水环境保护正处于艰难的负重爬坡阶段和优化经济增长的新阶段。

（3）预计“十二五”期间，全国的水环境形势将呈现“墨迹效应”，污染因子将不断增加，出现复杂的流域性污染态势，水环境压力将继续加大。

八、水污染防治工作设想与对策

（一）继续抓好主要污染物减排工作

完成“十二五”减排目标，深入推进结构减排、工程减排、管理减排，其中工程减排是最显著的一项减排措施。

（二）严格环境准入

（1）认真落实《规划环境影响评价条例》。制定国民经济和社会发展专项规划环评指导意见；抓好“两高一资”行业、重点流域区域开发规划环评；继续推进五大区域战略环评。

（2）深化建设项目环评。坚持“疏”、“堵”结合，实行分类审批，服务好经济社会发展大局。

（3）强化环境保护验收管理。坚持关口前移，积极推进施工期环境监理。

（4）着力开展工程建设领域突出问题专项治理工作。以政府投资和国有资金支持的项目为重点，全面排查2008年以来规模以上投资项目环境保护要求落实情况及环境保护资金使用情况。

（三）努力提高饮水安全保障水平

（1）指导和督促地方政府科学划分饮用水水源保护区；

（2）加大保障饮用水安全相关规划的实施力度；

（3）完善饮用水水源保护区分级管理制度；

（4）组织开展地表水饮用水水源环境状况评估；

（5）建立并完善城乡饮用水水源污染应急预警体系。

（四）进一步强化重点流域水污染防治工作

加大考核力度，强化对点源的监督管理，研究面源污染治理综合措施，开展内源污染防治，强化产业结构调整。

第五章　水土流失及其防治

第一节　土壤侵蚀基本概念

一、水土流失与土壤侵蚀

（一）水土流失概念

《中国大百科全书·水利卷》中水土流失的定义是：在水力、重力、风力等外营力作用下，水土资源和土地生产力的破坏与损失，包括土地表层侵蚀及水土损失，亦称水土损失。土地表层侵蚀指在水力、风力、冻融、重力以及其他外营力作用下，土壤、土壤母质及岩屑、松散岩层被破坏、剥蚀、转运和沉积的过程。

土壤侵蚀是地球表面的一种自然现象，全球除永冻地区外，均发生不同程度的土壤侵蚀。人类社会出现后，土壤侵蚀成为自然和人为活动共同作用下的一种动态过程，构成了特殊的环境背景，并已成为当今世界资源和环境问题的重点。土壤侵蚀的内涵随着科学研究的深入与发展得到不断的完善和丰富。

土壤侵蚀是水力、风力、重力及其与人为活动的综合作用对土壤、地面组成物质的侵蚀破坏、分散、搬运和沉积的过程。

（二）土壤侵蚀与水土流失

水土流失通常是指水力作用下造成水、土资源的损耗，着重反映侵蚀的后果，主要指水与土的流失量。中国的土壤侵蚀问题与河流水系的治理密切相关，侵蚀地水土的流失与输移直接影响沟道、河流泥沙的变化及江河、湖泊和水库运行的安全。首先是治理黄河问题，引起了对水土流失的重视。1935 年，中国著名的水利学家李仪祉在他拟定的《黄河治本计划概要叙目》中指出，“黄河下游的泥沙，主要来自上中游的水土流失，治黄要上中下游并重”，并提出了造林种草、修梯田、开沟洫等保持水土的措施。水土流失直接关系到河流泥沙的来源和大江大河的治理，故水土流失的名词出现较早。水土流失又与水土保持对应，故应用较普遍，某种程度上已把水土流失作为土壤侵蚀的同义词。但根据科学名词严格规范要求，水土流失应指水力侵蚀作用下，水与土从原地的搬运和流失，着重侵蚀的后果，不能涵盖侵蚀类型、侵蚀过程、侵蚀与资源环境演变的关系等。例如，20 世纪 80 年代后期进行的全国土壤侵蚀调查，包括了水蚀、风蚀和冻融侵蚀不同侵蚀类型的分布、侵蚀强度和潜在危险度的定性、定量评价等，如果以水土流失调查一词代替土壤侵蚀调查，则不能充分表达上述的研究范畴。因此，有必要区分土壤侵蚀与水土流失，前者含义较广泛，后者多用以评价土壤侵蚀后水与土的流失和损耗。

二、土壤侵蚀相关术语

(一)自然侵蚀与人为侵蚀

1. 自然侵蚀

自然侵蚀(natural erosion)是指地质时期所发生的侵蚀,又称地质侵蚀或常态侵蚀,它的发生发展完全取决于自然环境因素的变化,例如地质构造运动、地震、冰川及生物、气候变化等。自然侵蚀过程及其强弱变化呈明显的时空分异。新构造运动活跃和地震发生频繁地区,自然侵蚀相对强烈;干旱、半干旱时期的自然侵蚀强度显然大于植被丰茂的湿润时期。在地质时期,尽管没有人类对植被的破坏,自然植被也不是一成不变的,随着气候的恶化和植被的自然稀疏与退化,自然侵蚀进程相应强化。

2. 人为加速侵蚀

人类活动对自然生态平衡破坏而引起或激发的侵蚀,其侵蚀速率多为自然侵蚀的数十倍、数百倍以上,故称之为人为加速侵蚀(accelerated erosion by human' s activity)。人类社会的出现,由狩猎、畜牧业进入到农业大发展,也就是自然生态平衡失调和人为加速侵蚀的发展过程。

在现代侵蚀过程中,由于人类活动的巨大影响,自然因素对侵蚀的作用可发生很大的变化。从地质时期至今,地质构造运动、太阳黑子活动等一直在进行着,只有当自然生态平衡遭到人类破坏的情况下,自然因素对侵蚀的作用才显示相对突出,但其性质已不属自然侵蚀,而是人为活动影响下的加速侵蚀。1935 年美国发生的黑风暴和 1950 年苏联欧洲部分发生的黑风暴,均是人为不合理耕垦所致,造成千百年积累的肥沃表土层毁于一旦,此为典型的人为加速侵蚀。

中国有着 5 000 年的文明史和悠久的耕垦历史,绝大部分地区的自然植被均遭到严重破坏,由此而发生的侵蚀,显然是人为加速侵蚀。人为加速侵蚀不仅导致侵蚀量增多,并且使区域性、地带性景观发生根本性的变化。例如,我国南方亚热带的森林地区,由于滥垦、滥伐,不仅森林消失,而且因加速侵蚀导致土层全部流失,基岩出露,境内出现了与生物气候带极不相称的石漠化景观。黄土高原北部干旱与半干旱地区,因滥垦、滥牧,致使土地沙漠化扩展,由典型的草原地带发展为荒漠化草原,甚至形成不可逆转的沙漠化景观。

无论是自然侵蚀还是人为加速侵蚀,均是大气圈、地圈和生物圈三者有机联系、综合作用的结果,人类活动介入生物圈后,明显改变了自然侵蚀的实质。人类不合理的耕垦、放牧对自然生态平衡的破坏是加速侵蚀的主导因素;近代城镇、工矿建设的发展,又引发了新的人为加速侵蚀。正确区分自然侵蚀与人为加速侵蚀,才能确定有效的治理方针。

(二)土壤侵蚀强度与土壤侵蚀程度

1. 土壤侵蚀强度

土壤侵蚀强度(soil erosion intensity)用单位时间、单位面积上土壤侵蚀量的大小表示。通常表达土壤侵蚀强度的指标为土壤侵蚀模数 M_s,即每年每平方千米的土壤侵蚀量,其单位是 $t/(km^2 \cdot a)$;或以每年侵蚀掉土层的平均厚度 D_s 表示,单位为 mm/a。土壤侵蚀强度及其分级标准是查明一个地区或一个国家土壤侵蚀现状及编制土壤侵蚀图的基本数据，也是制定水土资源合理利用和水土保持规划的重要科学依据。

2. 土壤侵蚀程度

反映土壤侵蚀过程中发展阶段的差异，称为侵蚀程度。从定量和定性两方面进行评定。通常以土壤侵蚀模数作为定量指标；定性指标多以未侵蚀的土壤剖面作比较，以土壤剖面各发生层被侵蚀的程度来表示。例如，土壤剖面的 A 层被侵蚀，其侵蚀程度为轻度至中度；B 层被侵蚀，其侵蚀程度为中度至强度；待土壤母质层出露地表，其侵蚀程度已达极限，为极强度至剧烈侵蚀。但侵蚀强度并不完全随侵蚀程度增强而递增。

当侵蚀程度达极限，地表出露基岩和风化壳时，地表物质的抗冲性可能强于原土壤层，侵蚀强度可能属轻度或中度，其整治对策已不能仅限于水与土再流失的保持措施，而应着重于土地整治。此外，毁林毁草后新开垦的土地，其侵蚀强度与原有的林地、草地比较，侵蚀量剧增，发生数量级的变化，但其侵蚀程度尚处于初期阶段，其整治对策应是立即控制水土流失，制止因侵蚀造成土壤质量的继续恶化。

(三) 允许土壤流失量与土壤侵蚀潜在危险度

1. 允许土壤流失量

土壤侵蚀速率与成土速率相平衡，或一定时期内保持土壤肥力和生产力不下降情况下的最大土壤流失，称为允许土壤流失量(soil loss tolerance)，简称 T 值，其单位同土壤侵蚀模数，为 $t/(km^2 \cdot a)$。

成土过程是一个长期而缓慢的过程，难以直接量测。美国学者贝纳特根据成壤绝对年龄进行了推算。在无破坏的自然条件下，300 ~ 1 000 年可形成 2.5 cm 的土壤层，按土壤容重 1.35 g/cm^3 计算，如维持侵蚀速率与成土速率相平衡，相当于每年流失土壤 33.75 ~ 112.5 t/km^2。在人为耕作条件下，同时推算得出，约 30 年可形成同样厚度的土层，维持侵蚀速率与成土速率平衡情况下，相当于流失 1 125 $t/(km^2 \cdot a)$ 的土壤。据此，美国经广泛的调查研究，确定农耕地的 T 值为 1 250 $t/(km^2 \cdot a)$，牧地的 T 值为 500 $t/(km^2 \cdot a)$。侵蚀程度愈严重，愈接近母岩的土壤，被确定的 T 值愈低；对尚保留深厚土层的土壤，确定的 T 值相对较高。我国南方丘陵山区多为石质山，土层发育浅薄，T 值确定较低，为 200 ~ 500 $t/(km^2 \cdot a)$；黄土地区土层深厚，确定的 T 值相对较高，为 1 000 $t/(km^2 \cdot a)$ 左右。中国水利部据全国土壤侵蚀调查，确定不同地区分别以土壤侵蚀模数小于 200 $t/(km^2 \cdot a)$、500 $t/(km^2 \cdot a)$、1 000 $t/(km^2 \cdot a)$ 为 T 值，在侵蚀强度分级中该 T 值属微度或无明显侵蚀。全国土壤侵蚀的面积以超越允许土壤流失量微度以上作为统计标准。

2. 土壤侵蚀潜在危险度

地面自然生态平衡失调后可能出现的土壤侵蚀危险程度，称为土壤侵蚀潜在危险度(degree of soil erosion potential danger)。从狭义上理解，主要指有效土层厚度被完全侵蚀掉所需时间，其危险程度的分级即以侵蚀地区有效厚度(mm)除以年侵蚀深度(mm/a)，得出抗侵蚀的年限。有效土层愈浅薄，抗侵蚀年限愈短暂，土壤侵蚀潜在危险度则愈大。

土壤侵蚀潜在危险度与允许土壤流失量两者相关性较密切。有效土层深厚地区，T 值则较高，土壤侵蚀潜在危险度相对较低。确定土壤侵蚀潜在危险度不仅为了当前治理及制定长期治理规划的需要，更重要的是为了预防土壤侵蚀的发生发展。

根据《土壤侵蚀分类分级标准》，我国土壤侵蚀潜在危险度分为5级，如表5-1所示。

表5-1　水蚀区危险度分级

级别	临界土层的抗侵蚀年限(a)
无险型	>1 000
轻险型	100～1 000
危险型	20～100
极险型	<20
毁坏型	裸岩、明沙、土层不足10 cm

注：临界土层是指农林牧业中，林草作物种植所需土层厚度的低限值，此处按种植所需最小土层厚度10 cm为临界土层厚度；抗侵蚀年限是指大于临界值的有效土层厚度与现状年均侵蚀深度的比值。

第二节　中国土壤侵蚀概况

一、土壤侵蚀现状

根据水利部、中国科学院、中国工程院《中国水土流失防治与生态安全(水土流失数据卷)》，21世纪初，中国的水土流失总面积为356.92万km^2，占国土总面积的37.18%。其中水力侵蚀面积为161.22万km^2，风力侵蚀面积为195.70万km^2。按侵蚀强度分，轻度、中度、强度、极强度和剧烈侵蚀的面积分别为163.84万km^2、80.86万km^2、42.23万km^2、32.42万km^2和37.57万km^2。

从各省(区、市)的水土流失分布看，水力侵蚀主要集中在黄河中游地区的山西、陕西、甘肃、内蒙古、宁夏和长江上游的四川、重庆、贵州和云南等省(区、市)；风力侵蚀主要集中在西部地区的新疆、内蒙古、青海、甘肃和西藏5省(区)。

从流域的水土流失分布看，长江、黄河、淮河、海滦河、松辽河、珠江、太湖七大流域水土流失总面积136.42万km^2，占全国水土流失总面积的38.2%。其中，水力侵蚀面积为120.58万km^2，占全国水蚀总面积的74.8%；风蚀面积为15.84万km^2，占全国风蚀总面积的8.1%。长江流域的水土流失面积最大，黄河流域水土流失面积次之，但流失面积占流域的比例最大，强度以上侵蚀面积及其占流域面积比例居七大流域之首，是我国水土流失最严重的流域。

从东部、中部、西部和东北4个经济区域的水土流失分布看，我国西部地区水土流失面积为296.65万km^2，占全国水土流失总面积的83.1%，占该区土地总面积的44.1%。全国水蚀、风蚀的严重地区主要集中在西部地区，其中风蚀面积占全国风蚀面积的近80%。其他几个区域的水土流失面积较小，流失面积占本区域土地总面积的比例由大到小依次是中部地区、东北地区、东部地区，分别是27.6%、22.4%、11.8%。

二、土壤侵蚀区域分布规律

(一)土壤侵蚀区域分布与自然区划

全球土壤侵蚀区域分布规律与生物气候带特征基本一致。土壤水蚀主要发生在气候湿润的森林和森林草原地带的丘陵山区;风蚀主要发生在气候干旱的草原和荒漠地带;冻融侵蚀发生在极地。全球侵蚀区域中,水蚀约占50%,风蚀占34%,冻融侵蚀占16%。按地理位置,在北纬50°~南纬40°为发生水蚀的主要地区。全球的风蚀主要分布在年降水量为250 mm以下的干旱草原和荒漠地区,如非洲的撒哈拉大沙漠和卡拉利沙漠,中亚及澳大利亚中部地区等。

据中国年均降水量图,中国年降水量地域分布的总趋势是东南多雨、西北干旱。这主要是东南和西南季风从太平洋带来大量水汽影响的结果。中国400 mm降水量等值线,从大兴安岭经内蒙古南部、河北、山西北部,穿越陕北、陇东,沿巴颜喀拉山和唐古拉山到喜马拉雅山,自东北斜贯西南,将中国内地分成东、西两部分。东部多为湿润区,自然景观为草原和荒漠,土壤侵蚀以风蚀为主。中国降水量最多的地区在台湾省基隆南侧的火烧寮,1906~1944年间38年的年平均降水量高达6 557.8 mm。中国内地降水量最多的是广西临北部湾的东兴,为2 823 mm。

依据中国综合自然区划,水蚀发生的范围最广,包括原为森林、森林草原及灌丛草原植被的湿润、亚湿润及半干旱地区,尤以年降水量为400~600 mm的黄土高原水蚀最为严重。中国的风蚀主要发生在年降水量在250 mm以下的东北、西北及华北的干旱和极干旱地区,其中包括戈壁砾漠、沙漠和土地荒漠化地区;此外,还有沿海沙地。在青藏高原、新疆天山、祁连山西部及黑龙江流域的高寒山区,为冻融侵蚀区。年降水量为250~400 mm的地区为水蚀风蚀交错区,土壤侵蚀全年进行,夏秋多水蚀,冬春多风蚀。

(二)中国土壤侵蚀类型分区概况

以土壤侵蚀营力和生物气候带划分土壤侵蚀地带为基础,根据我国的地貌特点和自然界某一外营力(如水力、风力等)在较大区域起主导作用的原则,辛树帜、蒋德麒将全国分为三大土壤侵蚀类型区,即水力侵蚀为主的类型区、风力侵蚀为主的类型区和冻融侵蚀为主的类型区(见图5-1)。新疆、甘肃河西走廊、青海柴达木盆地,以及宁夏、陕北、内蒙古、东北西部等地的风沙区,是风力侵蚀为主的类型区。青藏高原和新疆、甘肃、四川、云南等地分布有现代冰川、高原、高山,是冻融侵蚀为主的另一侵蚀类型区。其余的所有山地丘陵地区,则是以水力侵蚀为主的类型区。水力侵蚀类型区大体分布在我国大兴安岭—阴山—贺兰山—青藏高原东缘一线以东的地区,包括西北黄土高原、东北低山丘陵与漫岗丘陵、北方山地丘陵、南方山地丘陵、四川盆地及周围山地丘陵和云贵高原六个二级类型区。

1.西北黄土高原

黄土高原位于黄河上中游地区,其范围指太行山以西、贺兰山以东、秦岭以北、阴山以南,总面积约62.4万km^2。其中约56万km^2分布在黄河上中游的龙羊峡至桃花峪,其余6万多km^2分布在毗邻的海河流域。地理位置北纬33°43′~41°16′、东经100°54′~114°33′,跨陕、甘、青、晋、宁、豫、蒙7个省(区)。

本区的地带性土壤,在半湿润气候带自西向东依次为灰褐土、黑垆土、褐土,在干旱及半干旱气候带自西向东依次为灰钙土、棕钙土、栗钙土。土壤侵蚀分为黄土丘陵沟壑区、黄土高塬沟壑区、土石山区、林区、高地草原区、干旱草原区、黄土阶地区、冲积平原区等8个类型区,是黄河泥沙的主要来源地。

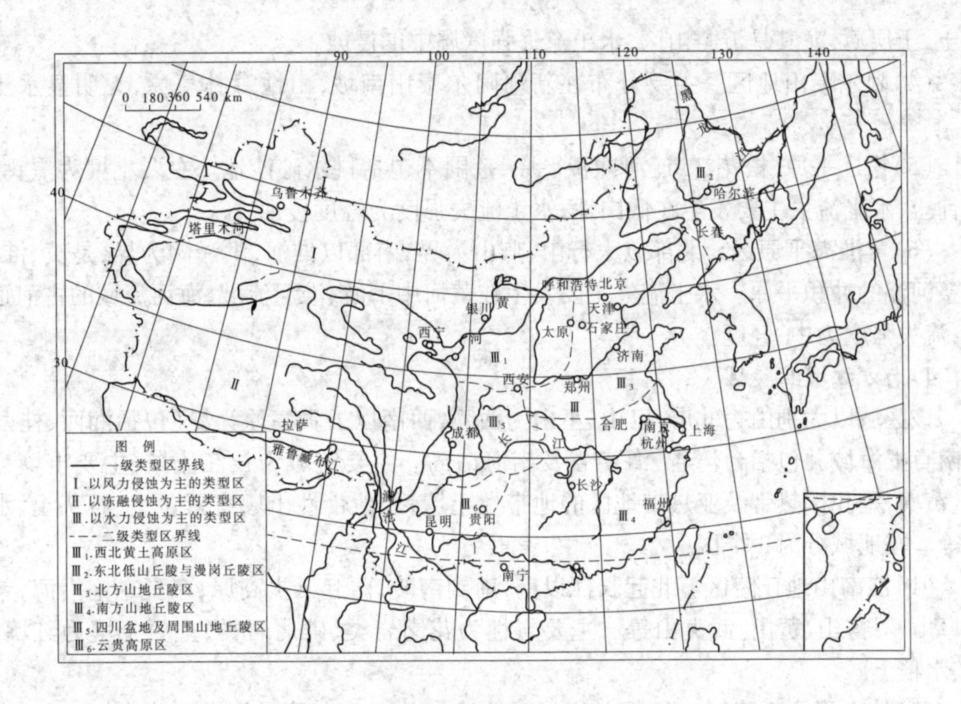

图 5-1　中国土壤侵蚀类型分区图

2. 东北黑土区

此类型区南界为吉林省南部，东、西、北三面被大小兴安岭和长白山所绕，漫川漫岗区为松嫩平原，是大小兴安岭延伸的山前冲积、洪积台地。地势大致由东北向西南倾斜，具有明显的台坎，坳谷和岗地相间是本区重要的地貌特征。主要流域为松辽流域，低山丘陵主要分布在大小兴安岭、长白山余脉，漫岗丘陵则分布在东、西、北侧等三地区。

(1) 大小兴安岭山地区。为森林地带，坡缓谷宽，主要土壤为花岗岩、页岩发育的暗棕壤，轻度侵蚀。

(2) 长白山千山山地丘陵区。为林草灌丛，主要土壤为花岗岩、页岩、片麻岩发育的暗棕壤、棕壤，轻度－中度侵蚀。

(3) 三江平原区(黑龙江、乌苏里江及松花江冲积平原)。古河床自然河堤形成的低岗地、河间低洼地为沼泽草甸，岗洼之间为平原，无明显水土流失。

3. 北方土石山区

东北漫岗丘陵以南，黄土高原以东，淮河以北，包括东北南部，河北、山西、内蒙古、河南、山东等部分。本区气候属暖温带半湿润、半干旱区，主要流域为淮河流域、海河流域。按分布区域，可分为以下 6 个主要地区：

(1) 太行山山地区。包括大五台山、小五台山、太行山和中条山山地，是海河五大水系发源地。主要岩性为片麻岩类、碳酸盐岩类等，主要土壤为褐土，水土流失为中度－强烈侵蚀，是华北地区水土流失最严重的地区。

(2) 辽西—冀北山地区。主要岩性为花岗岩、片麻岩、砂页岩，主要土壤为山地褐土、栗钙土，水土流失为中度侵蚀，常伴有泥石流发生。

(3) 山东丘陵区(位于山东半岛)。主要岩性为片麻岩、花岗岩等，主要土壤为棕壤、褐土，土层薄，尤其是沂蒙山区，水土流失强度属中度侵蚀。

(4)阿尔泰山地区。主要分布在新疆阿尔泰山南坡，山地森林草原，无明显水土流失。

(5)松辽平原、松花江、辽河冲积平原，范围不包括科尔沁沙地。主要土壤为黑钙土、草甸土，水土流失主要发生在低岗地，水土流失强度为轻度侵蚀。

(6)黄淮海平原区。北部以太行山、燕山为界，南部以淮河、洪泽湖为界，是黄、淮、海三条河流的冲积平原。水土流失主要发生在黄河中下游、淮河流域、海河流域的古河道岗地，流失强度为中、轻度。

4. 南方红壤丘陵区

该区域以大别山为北屏，巴山、巫山为西障，西南以云贵高原为界(包括湘西、桂西)，东南直抵海域并包括台湾省、海南省及南海诸岛。主要流域为长江流域，主要土壤为红壤、黄壤，是我国热带及亚热带地区的地带性土壤，非地带性土壤有紫色土、石灰土、水稻土等。按地域分为3个区：

(1)江南山地丘陵区。北起长江以南，南到南岭，西起云贵高原，东至东南沿海，包括幕阜山、罗霄山、黄山、武夷山等。主要岩性为花岗岩类、碎屑岩类，主要土壤为红壤、黄壤、水稻土。

(2)岭南平原丘陵区。包括广东、海南岛和桂东地区。岩性以花岗岩类、砂页岩类为主，发育赤红壤和砖红壤。局部花岗岩风化层深厚，崩岗侵蚀严重。

(3)长江中下游平原区。位于宜昌以东，包括洞庭湖和鄱阳湖平原、太湖平原及长江三角洲，无明显水土流失。

5. 西南土石山区

该区域北接黄土高原，东接南方红壤丘陵区，西接青藏高原冻融区，包括云贵高原、四川盆地、湘西及桂西等地。气候为热带、亚热带，主要流域为珠江流域，岩溶地貌发育，主要岩性为碳酸盐岩类，此外，还有花岗岩、紫色砂页岩、泥岩等，山高坡陡、石多土少，高温多雨、岩溶发育，山崩、滑坡、泥石流分布广，发生频率高。

(1)四川山地丘陵区。四川盆地中除成都平原外的山地、丘陵，主要岩性为紫红色砂页岩、泥页岩等，主要土壤为紫色土、水稻土等，水土流失严重，属中度、强烈侵蚀，并常有泥石流发生，是长江上游泥沙的主要来源区之一。

(2)云贵高原山地区。多高山，有雪峰山、大娄山、乌蒙山等。主要岩性为碳酸盐岩类、砂页岩，主要土壤为黄壤、红壤和黄棕壤等，土层薄，基岩裸露，坪坝地为石灰土，溶蚀为主，水土流失强度为轻度－中度侵蚀。

(3)横断山山地区。包括藏南高山深谷、横断山脉、无量山及西双版纳地区。主要岩性为变质岩、花岗岩、碎屑岩类等，主要土壤为黄壤、红壤、燥红土等，水土流失强度为轻度－中度侵蚀，局部地区有严重泥石流。

(4)秦岭大别山鄂西山地区。位于黄土高原、黄淮海平原以南，四川盆地、长江中下游平原以北。主要岩性为变质岩、花岗岩，主要土壤为黄棕壤，土层较厚，水土流失强度为轻度侵蚀。

(5)川西山地草甸区。主要分布在长江上中游、珠江上游，包括大凉山、工莱山、大雪山等。主要岩性为碎屑岩类，主要土壤为棕壤、褐土，水土流失为轻度侵蚀。

6."三北"戈壁沙漠及沙地风沙区

该区域主要分布在西北、华北、东北的西部，包括青海、新疆、甘肃、宁夏、内蒙古、陕西、黑龙江等省(区)的沙漠戈壁和沙地。气候干燥，年降水量100～300 mm，多大风及沙尘暴、流动和半流动沙丘，植被稀少。主要流域为内陆河流域。

(1)(内)蒙(古)、新(疆)、青(海)高原盆地荒漠强烈风蚀区。包括准噶尔盆地、塔里木盆地和柴达木盆地，主要由腾格里沙漠、塔克拉玛干沙漠和巴丹吉林沙漠组成。

(2)内蒙古高原草原中度风蚀水蚀区。包括呼伦贝尔、内蒙古和鄂尔多斯高原，毛乌素沙地、浑善达克和科尔沁沙地，库布齐和乌拉察布沙漠。主要土壤，南部干旱草原为栗钙土，北部荒漠草原为棕钙土。

(3)准格尔绿洲荒漠草原轻度风蚀水蚀区。围绕古尔班通古特沙漠，呈向东开口的马蹄形绿洲带，主要土壤为灰钙土。

(4)塔里木绿洲轻度风蚀水蚀区。围绕塔克拉玛干沙漠，呈向东开口的绿洲带，主要土壤为淤灌土。

(5)宁夏中部风蚀区。包括毛乌素沙地部分，腾格里沙地边缘的盐地等区域。

(6)东北西部风沙区。多为流动和半流动沙丘、沙化漫岗，沙漠化发育。

7.沿河环湖滨海平原风沙区

该区域主要分布在山东黄泛平原，鄱阳湖滨湖沙山及福建、海南省滨海区。该区为湿润或半湿润区，植被覆盖度高。按地域分为3个区：

(1)鲁西南黄泛平原风沙区。北靠黄河，南邻黄河故道，地形平坦，岗坡洼相间，多马蹄形或新月形沙丘。主要土壤为沙土、沙壤土。

(2)鄱阳湖滨湖沙山区。主要分布在鄱阳湖北湖湖滨，赣江下游两岸新建、流湖一带。沙山分为流动型、半固定型及固定型三类。

(3)福建、海南省滨海风沙区。福建省海岸风沙区主要分布在闽江、晋江及九龙江入海口附近一线，海南省海岸风沙区主要分布在文昌沿海。

8.北方冻融土壤侵蚀区

该区域主要分布在东北大兴安岭山地及新疆的天山山地。按地域分为两个区：

(1)大兴安岭北部山地冻融水蚀区。高纬高寒，属多年冻土地区，草甸土发育。

(2)天山山地森林草原冻融水蚀区。包括哈尔克山、天山、博格达山等。为冰雪融水侵蚀，局部发育冰川泥石流。

9.青藏高原冰川冻土侵蚀区

该区域主要分布在青藏高原和高山雪线以上。按地域分为两个区：

(1)藏北高原高寒草原冻融风蚀区。主要分布在藏北高原。

(2)青藏高原高寒草原冻融侵蚀区。主要分布在青藏高原的东部和南部，高山冰川与湖泊相间，局部有冰川泥石流。

三、土壤侵蚀类型的复杂多样性

中国的地质地形条件比较复杂，从南到北的生物、气候条件变化多端，跨热带、亚热带、暖温带和寒温带，加之毁林毁草农垦历史悠久，土壤侵蚀发展严重，并几乎涵盖了全球的主要侵蚀类型。土壤侵蚀营力除水力、风力和冻融侵蚀力外，尚有重力。重力侵蚀常与水蚀或风蚀伴随发生，呈复合侵蚀类型区。例如，泥石流和崩岗多为水力和重力两种侵蚀营力作用下发生的特殊侵蚀类型。近年来，城镇、工矿建设飞速发展，由于对工程建设中引发的新的土壤侵蚀问题估计不足，加之预防监督管理不善，引发了新的人为侵蚀问题。

（一）水力侵蚀

水力侵蚀的形态主要分面蚀和沟蚀两大类。世界上各水蚀地区基本上均存在这两种侵蚀类型。由于各国自然环境和社会经济情况的差异，面蚀和沟蚀的发生发展过程与特点有所不同。在我国黄土高原，伴随面蚀、沟蚀常发生洞穴侵蚀。

1. 面蚀

面蚀可分为雨滴侵蚀（溅蚀）、片蚀和细沟侵蚀。细沟侵蚀为薄层径流汇集成细小股流对地面的侵蚀，属线状或沟状侵蚀过程，与地面薄层水流均匀的面状侵蚀过程截然不同，故一些国家或我国的有些学者把细沟侵蚀归为沟蚀。另外，由于细沟侵蚀均发生在坡耕地，侵蚀深不超过耕层深，经犁耕后在地面上不留痕迹，故归为面蚀，对此已基本得到共识。天然荒坡地上由于不合理放牧而造成斑块状的践踏痕迹，称为鳞片状侵蚀，也属面蚀。

2. 沟蚀

中国陆地不仅丘陵、山地起伏，而且沟谷发育活跃。以黄土高原为代表，在第四纪黄土沉积的同时，在古地貌基础上，形成发育了世界上罕见的沟谷纵横、地形起伏的特殊的梁峁状丘陵沟壑区。该区域沟谷密度可达 3 ~ 6 km/km^2（按 1∶50 000 地形图量测），在土状堆积物上沟谷切割的最大深度可达 100 m 以上。由于黄土高原侵蚀地貌的特殊性，我国学者黄秉维、朱显谟、罗来兴、承继成等，曾进行了大量沟蚀类型及分类系统的研究，基本上确定的沟蚀类型有浅沟、切沟、冲沟、河沟。典型的沟道小流域即是以河沟为主系，由不同级别沟谷组成的水路网系统。

浅沟是发生在坡耕地上的一种特殊沟蚀类型，主要是人为不断耕作所致，在大于 25°的陡坡耕地最发育，一般由细沟演化发展而成。浅沟下切深已超过耕层，浅沟横断面由于不断耕作呈弧形扩展，直至妨碍耕作而不得不弃耕时，浅沟即发展为切沟。坡耕地上一旦发生浅沟，侵蚀量可增长 1 ~ 3 倍；浅沟又是现代沟谷侵蚀发展的原由，并可引发崩塌等重力侵蚀。浅沟侵蚀是我国研究坡耕地土壤侵蚀过程和沟蚀发生发展过程中一个特殊而极为重要的研究领域。

3. 洞穴侵蚀

洞穴侵蚀为深厚黄土沉积物上发育的一种特殊侵蚀类型。在有黄土或黄土状沉积物分布的美国中西部及新西兰等地，可见有洞穴侵蚀或称为漏斗状侵蚀。在我国的黄土高原洞穴侵蚀最发育，分布也较广泛。洞穴侵蚀的主要类型有水刷窝、跌穴（漏斗状洞穴）、陷穴。洞穴侵蚀常与沟蚀伴随发生，可加速沟头前进和沟床下切。

（二）风力侵蚀

风力侵蚀是指地表沙粒类松散物质在风力作用下脱离地表的运移过程。风蚀类型可分为吹蚀和磨蚀，前者为单纯风力作用，后者为风沙流的侵蚀作用。在吹蚀和磨蚀作用下，地面松散颗粒的运动方式分为悬移、跃移和表层蠕移三种形式。地表或风沙堆积物，因吹蚀、磨蚀作用，相对细粒物质被运移后，出现地面粗化、荒漠化及蘑菇状风蚀地貌，后者往往又可激发崩塌等重力侵蚀。在黄土高原北部长城沿线的水力、风力复合侵蚀区，风蚀可加剧沟蚀。

（三）重力侵蚀及重力、水力复合侵蚀

重力侵蚀是指坡面土体、岩体在自身重力作用下向临空面发生的位移现象。重力侵蚀的主要侵蚀类型有泻溜、崩塌、滑坡。此外，以重力为主兼水力侵蚀的有崩岗和泥石流。

1. 滑坡

暴雨和地震可诱发或激发滑坡类重力侵蚀；大型、快速崩塌性滑坡可直接转化为泥石流。突发性的大型滑坡可酿成严重灾害。1983 年发生在甘肃省东乡县的洒勒山滑坡，不到 1 min 的时间滑动体积约 5 000 万 m^3，滑动距离 750 m，酿成掩埋房屋 585 间、死亡 237 人的重大灾害。四川省“81 · 8”洪灾中，有 90 个县发生滑坡 6 万余处，其中造成重大损失的有 4.7 万处。

2. 崩岗

崩岗是指岩体或土体在重力和水力综合作用下，向临空面突然崩落的现象。崩岗主要分布在我国南方的广东、福建、江西、湖南等地的厚层花岗岩风化物地区。沟谷的溯源侵蚀和沟床下切，可激发崩岗侵蚀的发生，崩岗侵蚀又加剧了沟岸的扩展和沟头前进。崩岗侵蚀模数为 3 万 ~5 万 t/(km^2 · a)，高者可达 10 万 t/(km^2 · a)以上，可淹没农田、淤塞水库；突发性崩岗可引发泥石流灾害，危及人民生命财产安全。

3. 泥石流

泥石流大多发生在山区，尤以四川、云南、西藏、甘肃等地分布广泛，活动频繁。陡峻的地形、大量松散固体物质和水体的供给是形成泥石流的必要条件；人为不合理活动，如毁林开荒、工程建设不当等，引起暴发性水土流失，为诱发泥石流的重要因素。突发性的泥石流可酿成人民生命财产的巨大损失。例如，1981 年 8 月发生特大暴雨洪水，成昆铁路的利子依达沟山洪暴发，形成强大泥石流，冲毁大渡河 125 m 长的铁路大桥，造成行进的客车几节车厢被冲入大渡河、伤亡多人的重大交通事故。

我国台湾省地处西太平洋地震带，造山运动活跃，地震频繁。1907 ~1964 年的 57 年间，台湾省共发生有感地震 15 088 次，平均每年地震达 269 次。脆弱的地质构造，加之台风、暴雨的影响，常造成山崩、泥石流灾害，占总土地面积 70% 的山坡地随处可见。

冻融侵蚀虽然分布面积广，但多发生在人类活动很少的高寒山区，危害影响较小，尚未列入专门的研究和治理对象。

第三节　中国的水土保持

中国水土保持发展历史悠久。早在远古时代，黄河流域就有“平治水土”之说。距今约 3 000 年前的西周时期一直到明清时代，先后有保护水土草木及其整治的文献记载。当今我国及世界上有关水土保持的理论和实践，多为我国历史上成就的延续和发展。

一、历史上的中国水土保持

(一)历史上中国水土保持思想理论和实践的形成

1. 远古到宋代

1)“平治水土”和“沟洫治黄”

中国远古史按《史记》自黄帝(距今 4 600 ~ 5 000 年)开始,按《尚书》自尧(距今 4 200 ~ 4 700 年)开始。我国江河洪水的治理源于《尚书》中“水、木、金、火、土”五行之说和大禹“平治水土”的传说。《尚书》中箕子说:“我闻在昔鲧堵塞洪水,汩陈五行,帝乃震怒。”意指鲧只知“壅防百川”,造成严重后果;伯禹能正确处理水土关系,制服洪水。在《禹贡》、《史记·五帝本记》中对大禹治田与治河相结合的成就作了总结,“唯禹之功为大,披九山,通九泽,决九河,定九州,各以职来贡,不失其宜”,对后世的治理江河与水土保持启迪和影响极大。

《诗经》中“原隰既平,泉流既清”的诗句即平治水土的反映。诗句中广平的土地称原,下湿的土地称隰,经过治理的水流称清,经过治理的土地称平。即以平原和下湿地为主,平整土地,防止冲刷,减少河川水流泥沙量而变清。说明当时已注意到水土流失问题和水土保持工作。

《汉书·沟洫志》记载了西汉时贾让治黄的主张“多穿漕渠,使民灌田,分杀水怒,兴利除害,民虽劳不疲”。这是对远古禹“尽力于沟洫”的重振和发扬。古代的沟洫治理是指在耕地四周修治排水沟渠,这些沟道由近及远,由小而大,最后流入江河。这种沟洫治理自西周一直到明清时期,在水土保持和治黄的理论与实践方面均有丰富和发展。

2)水、土、草、木资源的保护和平衡及土地合理利用之说

先秦古籍《诗经》、《逸周书》、《孟子》等都有倡导保护森林的记载。早在 3 000 年前西周时期就设有保护薮泽的官吏,称之为山虞、泽虞,或统称虞师。薮泽指沼泽,泽无水称薮,为百物生长繁殖的场所。《逸周书》载:“禹之禁,春三月,山林不登斧,以成草木之长。”孟子向梁惠王提出:“斧斤以时入山林,材木不可胜用也。”秦始皇统一中国后,曾颁布“一山泽”、“无伐草木”的法令。

《国语·鲁语》中记:周灵王二十二年(公元前 550 年),周都的瀔、洛两水斗,快把王宫冲毁,灵王向壅土防止。太子晋说:“古之长民者,不毁山,不崇薮,不防川,不窦泽。夫山,土之聚也;薮,物之归也;川,气之导也;泽,水之钟也。”这一番话,不仅继承了大禹治水的综合观念,而且形成我国古代水、土、草、木资源平衡之说。

2. 北宋至明清

自北宋以来,黄河的决溢灾害有明显增长趋势,其原因是人口增长,毁林毁草的垦殖活动加剧,加之战乱、屯垦,人为加速侵蚀发展,黄土高原水土流失和入黄泥沙剧增。

北宋和明清时期黄河下游决溢灾害,几乎达每两年发生一次。同时人们对防御自然灾害、治水与治田、治河与水土保持的关系等问题有了新的认识,在观念和理论上有了新的提高,以下列举明代的周用、徐贞明、徐光启和清代的胡定等为代表的理论。

1)治河、垦田与沟洫治河论

明嘉靖二十二年(1543 年)周用负责治理黄河,他在上奏《理河事宜疏》中提出:"治河、垦田、事实相因,水不治则田不可治,田治则水当治,事相表里",即治河必须与治田相结合,这里治田是指在田间修沟洫。周用又说:"夫天下之水,莫大于河,天下有沟洫,天下皆容水之地,黄河何所不容";"天下皆修沟洫,天下皆治水之人";"使天下人人治田,则人人治河";据此即能平治河患,"一举而兴天下之大利,平天下之大患"。周用的主张明确了治河与广大流域面上水土保持相结合的观念,由单一治河转向田面沟洫蓄水与治河相结合,田治则水当益治。

2)"治水先治源"论

周用的观念和主张得到了同时代徐贞明和徐光启的认同,他们进一步论述了沟洫变水害为水利的思想。徐贞明认为:"水聚之则害,而散之则利;弃之利害,而用之则利";提出"治水先治源"的论述,"水利之法,当先于水之源,源分则流微而易御,田渐成则水渐杂,水无泛滥之虞,田无冲激之患矣"。这些观念和说法,即把上游的治水、治田与下游的治河相结合。

徐光启对北方利用水资源修水田作了修正,"北方之可为水田者少,可为旱田者多",所以不能"只言水田而不言旱田",他编写了《旱田用水疏》,提出开沟渠、修堰坝、筑池塘、修梯田等"田水之源"的一套办法,丰富了"治水先治源"的理论。

3)"汰沙澄源"论

"沟洫治河"论和"治水先治源"论,论述了黄河中游治田和水土保持对减缓下游洪水及河患的辩证关系。清乾隆八年(1743 年),陕西道监察御史胡定在上奏乾隆皇帝的《胡定条奏河防事宜》中说:"黄河之沙,多出自三门峡以上及山西中条山一带破涧中,请令地方官于涧口筑坝堰,水发,沙滞涧中,渐为平壤,可种秋麦。"胡定所指黄河的来沙区与今所指黄河中游为主要侵蚀产沙区基本一致,其"汰沙澄源"论即指在黄河上中游支流的沟壑中筑坝淤地,拦截泥沙不使泥沙输入黄河,又使沟壑变为农田利用。

4)森林抑流固沙论

关于保护森林之说,先秦《诗经》、《逸周书》等已有记载;森林抑流固沙、保持水土的理论可见于南宋魏岘的《四明它山水利备览》和清代梅伯言的《书棚民事》。魏岘在其文中说:"四明水陆之胜,万山胜秀,昔时巨木高森;沿溪平地竹木蔚然茂密,虽遇暴水湍激,沙土为木根盘结,沙下不多,所淤亦少,闾淘良易。近年以来木值价穹,斧斤相寻,靡山不童;而平地竹木亦为之一空。大水之时,既无林木少抑奔湍之势,又无包缆以固沙土之基,致使浮沙随流而下,淤塞溪流,至高四五丈。"此文分析论证了根系固结沙土防止冲刷的作用,一旦森林植被破坏,土壤易遭冲蚀,大量泥沙下泄,淤塞江河。梅伯言通过实地考察,向农民请教,得知"未开之山,土坚石固,草树茂密,腐叶积数年可二三寸,每天雨,从树至叶,从叶至土石,历石雨罅滴沥成泉,其下水也缓,又水下而土不随其下;水缓,故低田受之不为灾,而半月不雨,高田尤受其浸灌。今以斤斧童其山,而双锄犁疏其土,一雨未毕,沙石随下,奔流注壑涧中,皆填淤不可贮水,毕至洼地中乃止,及洼田竭,而山田之水无继者"。梅伯言通过调查,一方面系统论述了森林冠层、枯枝落叶层抵御暴雨洪水的作用;另一方面又论述了森林破坏后,对加速土壤侵蚀、冲淤沟道、淹没下游农田并加剧旱灾的机制。以上论述为现代强化植被建设,改善生态环境和减少入河泥沙的理论与实践,奠定了基础。

(二)历史上的水土保持措施

1. 耕作措施

1)畎田法

这是我国劳动人民最早创造的水土保持耕作法。从甲骨文"畎"字分析,畎田法在4 000多年前后稷就开始采用。有关记载见于《吕氏春秋·任地·辩土》、《汉书》等古籍。据《汉书》的说法,畎田法是用两耜合并在一起等高开沟,宽深各一尺,此沟即称畎。

现代的沟垄种植法、水平沟种植法多为畎田法的承袭和发展。

2)区田法

区田法相传是商代伊尹创造,最早的记载见于西汉的《氾胜之书》。书中记载:"汤有旱灾,伊尹作区田,教民粪种,负水浇稼。"区田法的优点是:集中施肥和灌水,保持水土;不一定要好地,凡丘陵、土岗、山坡都可修造;省工,易管理;改广种薄收为集中优化耕作,产量高,利于促进退耕。现代应用的"掏钵种"、"坑田"、"聚肥改土耕作法"等,均源于区田法。

2. 工程措施

1)梯田

我国南方丘陵山区修造水平梯田种植水稻必须与兴建蓄水灌溉的陂塘相结合,故这类水稻梯田称之为陂田。陂田一词最早出现在《史记》与《汉书》,陂田是指由陂塘供水的稻田,丘陵山区的稻田必须修成台阶式梯田,才能进行灌溉种稻。陂田建设首先从适宜于修建陂塘的低丘、山麓或山谷的缓坡开始,随着耕垦由缓坡向偏远荒山、高山发展,出现高山梯田,首见于南宋初。范成大所著《骖鸾录》(1172 年)记载:"仰山(今江西宜春县山名),缘山腹乔松之蹬甚危;岭坂上皆禾田,层层而上至顶,名梯田。"

黄土高原丘陵区旱梯田的出现也较早,至今还能找到有 600 余年历史的老梯田。坡改梯高效农业的基本农田建设已成为推进广大水土流失区治理的突破口。

2)引洪漫地

引用高含沙洪水淤灌劣地,是群众创造的变害为利,改造荒滩、盐碱地为良田,提高土地利用率的方法。陕西省富平县赵老峪的引洪漫地,据考证起源于秦国,距今已有2 000余年。陕北定边县八里河的引洪漫地,始于清道光二十三年(1843 年),到清末已变荒滩为良田,共淤成840 hm^2。内蒙古境内大黑河修建引洪渠,在清代的200 余年内,引洪漫地数万亩。

3)淤地坝

筑坝淤地是黄河流域群众具有独创性的水土保持措施。据考证,山西禹山等地打坝淤地可追溯到明代,山西省汾西县筑坝淤地有 400 年历史,民间传说:"修坝如修仓,澄泥如存粮。"清乾隆年间胡定提出的"汰沙澄源"治黄方案,即来自于农民打坝淤地的经验。据 20 世纪 50 年代调查,山西省柳林县贾家塬百亩大坝已有 120 年历史;陕西省清涧县辛关村坝地有190余年历史。

4)陂塘

陂塘的兴建和利用早在《禹贡》和《诗经》中已有记述。《禹贡》中记有“九泽既陂”。早期的陂塘是围绕泽修建堤坝而形成的大型蓄水灌田设施。如公元前6世纪楚相孙叔敖在今淮河流域引淠水修建了历史上有名的芍陂,用以种稻。西汉时全国各地兴建陂塘,除大型者由官府主办外,在丘陵山区农民利用溪谷流水蓄为陂池者不可胜计。

3.封山育林和造林种草

1)封山育林

封山育林起始于西周。秦国正式颁布“一山泽”、“无伐草木”封山育林的法令。秦以后的历代封建王朝,大都颁行过“封山泽”的法令。

2)造林种草

在丘陵山区发展经济林木,荒山、荒坡、荒地造林种草。战国时《管子》中记有以一国的山、泽中草木生长情况,判断其贫富,如“行其山泽,观其桑麻,计其六畜之产,而贫富之国可知”。西汉《史记·货殖列传》中讲述“安邑(山西中条山区)千树枣;燕(河北燕山)、秦(陕西秦岭)千树栗;蜀、汉(汉中)、江陵(鄂西)千树橘;齐、鲁千亩桑麻……此其人皆与千户侯等”。《逸周书》中讲述了不宜种植五谷的地方,应栽植林木,“坡沟、道路、藂苴、丘陵不可树谷者,树以材木……”古代人民已重视土地合理利用,造林种草合理布局,并作为增加经济收入的来源。

二、现代水土保持进展

新中国成立以来,通过不懈的努力,水土保持已取得了显著成效。全国累计治理水土流失面积90万km^2。通过水土保持措施,累计减少土壤侵蚀量426亿t,增产粮食2 492亿kg,基本解决了水土流失治理区群众的温饱问题,改善了当地的生态环境,提高了群众生活水平。经过半个多世纪的发展,中国的水土保持走出了一条具有中国特色、综合防治水土流失的路子。主要做法如下:

(1)坚持与时俱进的思想,积极调整工作思路,不断探索加快防治水土流失的新途径。根据经济社会发展与人民生活水平提高对水土保持生态建设的新要求,在加强人工治理的同时,依靠大自然的力量,开展生态自我修复工作,促进人与自然的和谐,加快水土流失防治步伐。

(2)预防为主,依法防治水土流失。中国政府通过贯彻执行《水土保持法》,建立健全了水土保持配套法规体系和监督执法体系;规定了“预防为主”的方针,加强执法监督,禁止陡坡开荒,加强对开发建设项目的水土保持管理,控制人为水土流失。

(3)以小流域为单元,科学规划,综合治理。中国水土保持始终坚持制定科学的水土保持规划,以小流域为单元,根据水土流失规律和当地实际,实行山、水、田、林、路综合治理,对工程措施、生物措施和农业技术措施进行优化配置,因害设防,形成水土流失综合防治体系。

(4)治理与开发利用相结合,实现三大效益的统一。在治理过程中,把治理水土流失和开发利用水土资源紧密结合起来，突出生态效益，注重经济效益，兼顾社会效益，实现三大效益的统一，使群众在治理水土流失、保护生态环境的同时，取得明显的经济效益，进而激发其治理水土流失的积极性。

(5)优化配置水资源，合理安排生态用水，处理好生产、生活用水和生态用水的关系。同时，在水土保持和生态建设中，充分考虑水资源的承载能力，因地制宜，因水制宜，适地适树，宜林则林，宜灌则灌，宜草则草。

(6)依靠科技，提高治理的水平和效益。重视理论与实践、科技与生产相结合，充分发挥科学技术的先导作用。积极引进国外先进技术、先进理念和先进管理模式，加大国际交流与合作。注重科技成果的转化，大力推广各种实用技术，采取示范、培训等多种形式对农民群众进行科普教育，增强农民的科学治理意识和能力，从而提高治理的质量和效益。

(7)建立政府行为和市场经济相结合的运行机制。通过制定优惠政策，实行租赁、承包、股份合作、拍卖“四荒”使用权等多种形式，调动社会各界的积极性，建立多元化、多渠道、多层次的水土保持投入机制，形成全社会广泛参与治理水土流失的局面。

(8)广泛宣传，增强全民水土保持意识。采取政府组织、舆论导向、教育介入等多种形式，广泛、深入、持久地开展《水土保持法》等有关法律法规和水土流失危害性的宣传，增强全民水土保持意识。

三、中国水土保持展望

21世纪是全球致力于经济和自然协调发展的重要时期，中国政府明确提出全面建设小康社会的奋斗目标，并已将水土保持生态建设确立为经济社会发展的一项重要的基础工程，明确了中国水土保持生态建设的战略目标和任务。今后一个阶段水土保持工作的思路是，紧紧围绕三大目标，认真落实四项任务，切实采取八项措施，以水土资源的可持续利用和维系良好的生态环境为全面建设小康社会提供支撑与保障。

(一)中国水土保持的目标

(1)在有效减轻水土流失、减少进入江河泥沙的同时，加强对化肥、农药等面源污染的控制和对重点江河湖库周边的水源保护及生态改善。

(2)在大力改善农业生产条件的同时，突出促进农村产业结构调整和产业开发，集约、高效、可持续利用水土资源，有效增加农民收入。

(3)在改善生态环境，减轻干旱、洪涝灾害的同时，重视城乡人居环境质量的改善，促进人与自然的和谐，建设美好家园，提高人民生活质量。

(二)当前水土保持工作的主要任务

1. 预防监督

要重点加强对主要供水水源地、库区、生态环境脆弱区及能源富集、开发集中区等区域水土流失的预防保护和监督管理，把项目开发建设过程中造成的人为水土流失减少到最低程度。

2. 综合治理

继续加强长江、黄河上中游、东北黑土区等水土流失严重地区的治理和京津周边防沙治沙工程建设，坚持以小流域为单元进行综合整治，突出重点，抓好示范。要在有条件的地方，大力推进淤地坝建设。

3. 生态修复

在地广人稀、降雨条件适宜和水土流失轻微的地区实施水土保持生态修复工程，实行封育保护、封山禁牧，充分发挥大自然的力量和生态的自我修复能力，促进大范围的水土保持生态建设。

4. 监测预报

加强水土流失监测和管理信息系统建设，提高水土流失调查评价和监测预报水平。

（三）水土流失防治目标

到21世纪中叶，全国建立起适应经济社会可持续发展的良性生态系统，适宜治理的水土流失区基本得到整治，水土流失和沙漠化基本得到控制，坡耕地基本实现梯田化，宜林地全部绿化，“三化”草地得到恢复，全国生态环境明显改观，人为水土流失得到根治，大部分地区基本实现山川秀美。

（四）中国水土保持工作的主要措施

（1）依法行政，不断完善水土保持法律、法规体系，强化监督执法。严格执行《水土保持法》的规定，通过宣传教育，不断增强群众的水土保持意识和法制观念，坚决遏制人为水土流失，保护好现有植被，重点抓好开发建设项目水土保持管理，把水土流失的防治纳入法制化轨道。

（2）实行分区治理，分类指导。西北黄土高原区突出沟道治理，以淤地坝建设为重点，有效拦截泥沙，淤土造地，发展生产，特别是建设稳产高产基本农田，促进陡坡耕地退耕还林还草；东北黑土区大力推行保土耕作，保护和恢复植被；南方红壤丘陵区采取封禁治理，提高植被覆盖度，通过以电代柴解决农村能源问题；北方土石山区改造坡耕地，发展水土保持林和水源涵养林；西南石灰岩地区陡坡退耕，大力改造坡耕地，蓄水保土，控制石漠化；风沙区营造防风固沙林带，实施封育保护，防止沙漠扩展；草原区实行围栏、轮牧、休牧，建设人工草场。

（3）加强封育保护，依靠生态的自我修复能力，促进大范围的生态环境改善。按照人与自然和谐相处的要求，控制人类活动对自然的过度索取和侵害。大力调整农牧业生产方式，在生态脆弱地区，封山禁牧，舍饲圈养，依靠大自然的力量，特别是生态的自我修复能力，增加植被，减轻水土流失，改善生态环境。

（4）大规模地开展生态建设工程。继续开展以长江上游、黄河中游地区以及环京津地区的一系列重点生态工程建设，加大退耕还林力度，搞好天然林保护；大规模开展黄土高原淤地坝建设，牧区水利和小水电代燃料工程，促进生态的恢复，巩固退耕还林成果；在内陆河流域合理安排生态用水，恢复绿洲和遏制沙漠化。

（5）科学规划，综合治理。实行以小流域为单元的山、水、田、林、路统一规划，综合运用工程、生物和农业技术三大措施，有效控制水土流失，合理利用水土资源，促进人口、资源与环境协调发展。尊重群众的意愿，推行群众参与式规划设计，把群众的合理意见吸收到规划设计中去，调动群众参与水土保持项目建设的积极性。

(6)加强水土保持科学研究，促进科技进步。不断探索有效控制土壤侵蚀、提高土地综合生产能力的措施，加强对治理区群众的培训，搞好水土保持科学普及和技术推广工作。建设一批规模比较大的水土保持综合治理示范区和科技含量高的水土保持科技示范园区。积极开展水土保持监测预报，大力应用“3S”等高新技术，建立全国水土保持监测网络和信息系统，努力提高科技在水土保持中的贡献率。

(7)完善和制定优惠政策，建立适应市场经济要求的水土保持发展机制，明晰治理成果的所有权，保护治理者的合法权益，鼓励和支持广大农民及社会各界人士积极参与治理水土流失。

(8)加强水土保持方面的国际合作和对外交流，增进相互了解，不断学习、借鉴和吸收国外水土保持方面的先进技术、先进理念和先进管理经验，提高中国水土保持的科技水平。

第六章　水利法规

迄今为止，全国人大及其常委会先后通过了《中华人民共和国水法》（简称《水法》）、《中华人民共和国水土保持法》（简称《水土保持法》）、《中华人民共和国水污染防治法》（简称《水污染防治法》）、《中华人民共和国防洪法》（简称《防洪法》）等四部重要法典，各省（区、市）先后出台了相关地方性法规、政府规章和规范性文件。在其他相关的立法中，如森林法、草原法、土地法、环境保护法、大气污染防治法、建筑法、公路法等立法中，也有关于水资源保护与利用的相应条款。《水资源节约和综合利用促进法》、《黄河法》、《江河流域管理法》也正在相继论证通过。与此同时，依照法律规定，除国务院设立专门的管理部门外，省、市、县三级政府也相继设立水行政执法机构，目前已构成了全国性的水行政执法网络。所有这些都表明，中国水法律制度正在建立并逐步形成体系，水的管理和利用正步入规范化、法治化的轨道。

第一节　水利法制体系

以《水法》的颁布实施为标志，我国进入了依法治水的新阶段，先后出台了《防洪法》、《水污染防治法》、《水土保持法》等一批水法规，建立了各级水政水资源机构，组建了水利执法队伍，开展了取水许可管理，并查处水事违法案件，调处水事纠纷，使水事秩序明显好转。同时，为进一步加强水资源的统一管理，实现传统水利向资源水利的转变，实现水的可持续利用，更多地运用法律手段来管理水事活动和规范水利经济活动，以期引导和推进水利改革与发展则成为不可或缺的措施及途径。因此，完善水利法制体系的任务愈加重要和迫切。

水利法制体系包括水行政立法、水行政执法、水行政司法和水行政保障等方面的内容。水利法制建设的目标是：①深入开展水利法制宣传教育，增强全社会的水法律意识与水法制观念，为依法治水创造良好的法制环境；②逐步建立完整、科学、符合我国国情的水法制体系，为依法治水提供充分的法律依据；③建立公正严明、运行有力的水行政执法体系，有效实施依法治水；④建立关系协调，能有效调控和管理的水管理工作体系，为实现依法治水提供保障。

一、水利法规体系

法规体系在法理学上也称为立法体系，是指国家制定并以国家强制力保障实施的规范性文件系统，是法的外在表现形式所构成的整体。所谓水法规体系，就是由调整水事活动中社会经济关系的各项法律、法规和规章构成的有机整体。它既是水利法制体系建设的主要内容之一，也是国家整个法律体系的一个重要组成部分。从法理上讲，水法规体系也称水立法体系。也可以说，这是国家制定并以强制力保障实施的规范性文件系统。

从总体上来看,我国水法规体系可分为:全国人大或全国人大常委会制定的水法律,国务院制定的水行政法规;水利部制定的规章,省(区、市)制定的地方性水法规和规章四个等级。

二、水行政执法

水行政执法是指各级水行政机关按照国家的法律、法规以及规章的规定,在水事管理领域里,依法对水行政管理的相对人采取的直接影响其权利义务,或者对相对人的权利义务的行使和履行情况直接进行监督检查的具体行政行为。简言之,就是依法行政。

水行政执法是水利法制建设的主要内容之一。水行政执法的目的是贯彻执行国家法律和有关水法规,调整在开发、利用、保护、管理水资源和防治水害过程中所发生的各种社会经济关系,维护正常的水事秩序,保护水、水域和水工程,更好地为水可持续利用和社会可持续发展服务。

水行政执法的特征是:①水行政执法的主体是县级以上地方人民政府水行政机关;②水行政执法是围绕调整社会水事关系而实施的水行政管理方面的行政执法;③水行政执法是贯彻执行国家法律和有关水法规、水政策的具体行政行为,是水行政机关依法在其职权范围内,针对特定的人或事采取的某种行政措施;④水行政执法只是在水行政管理范围内,在水事关系调整方面对相对人的权利义务发生影响。

水行政执法的依据主要是国家的法律和有关的水法规、水政策等。水行政执法的实施形式包括:水行政检查、监督,水行政许可与水行政审批,水行政处罚和水行政强制执行。

三、水行政司法

水行政司法是指水行政主管部门依照规定的程序,进行水行政调解、水行政裁决和水行政复议,以解决水事纠纷和水行政争议的活动。水行政调解是指由水行政机关依照有关水法规、水政策,通过说服教育的方法,促使双方当事人友好协商、互让互谅解决水事纠纷的活动;水行政裁决是指水行政机关依照有关水法规规定,对水事纠纷中的民事纠纷进行裁决处理的活动;水行政复议是指在相对人不服水行政机关所作出的具体行政行为时,依法向该机关的上一级水行政机关申请复查并作出新的行政决定的制度。

水行政司法的作用主要有:①保护国家和社会组织、个人的合法权益不受非法侵犯;②促进水管理相对人和水行政机关依法办事;③减轻人民法院负担;④减轻当事人负担;⑤强化水行政主管部门的执法地位,维护正常水利秩序,适时解决错综复杂的水事矛盾。

四、水行政保障

水行政保障,就是为了确保水行政行为,特别是保证水行政执法行为的合法性、合理性、有效性而采取的措施或创造的条件。这些措施和条件既包括物质、思想方面的,也包括制度和组织方面的,由此构成有机的水行政保障体系。

水行政保障的主要形式有三种:一是水行政法制监督;二是水行政法律意识培养;三是水行政法制监督的特殊形式——水行政诉讼。

水行政法制监督,是以国家机关、社会组织和公民为主体,对水行政机关及其工作人员是否依法行政的监督。水行政法制监督的种类主要有:党的监督,国家权力机关的监督,司法监督,人民群众及社会组织的监督,舆论工具的监督,上级水行政机关对下级水行政机关的监督,有关机构的专门监督等。

法律意识是人们对法和法律现象的思想认识、观点和心理的通称,也就是人们对法律的态度和看法,以及知法、守法、执法的自觉程度。具体包括三个方面,即法律知识、法制观念和法律观点。水的法律意识培养,主要包括向全社会宣传普及水法规、加强对水行政机关工作人员以及各级水行政执法人员的教育和训练、开展水行政法制方面的理论研究等。

水行政诉讼,是指当事人对行政机关作出的具体行政行为不服起诉到人民法院,在人民法院主持下进行的诉讼活动。水行政诉讼是司法机关依法行政的有效监督形式。水行政诉讼的作用主要表现在:保护公民、法人和其他组织的合法权益,保障水行政机关依法行使职权,监督水行政机关正确行使职权。水行政机关在水行政诉讼中处于被告地位,但既有法律规定的诉讼权利,又有相应的诉讼义务。水行政机关在水行政诉讼中的主要工作是:应诉和答辩,出庭,上诉,执行。

第二节《水法》概述

《水法》是我国第一部关于水的根本大法。该法是1988年1月21日经第六届全国人大常委会第二十四次会议通过,并于同年7月1日起施行的。这部法律的制定实施,对规范水资源的开发利用、保护水资源、防治水害、促进水利事业的发展,发挥了重要作用。

随着社会经济的发展,以及在水事活动中一些新情况和新问题的出现,无论从经济社会发展,还是从水资源本身看,我国水资源管理工作都面临着深刻变化,1988年制定的原《水法》的一些规定已不能适应实际需要。因此,国家在2002年对1988年制定的原《水法》进行了较为全面的修改。修改的内容主要有:一是强化国家对水资源的统一管理,重视水资源宏观管理和合理配置;二是将节约用水和水资源保护放在突出位置;三是明确水资源规划作为水资源开发、利用、节约、保护与防治水害的依据和法律地位,重视流域管理;四是合理配置水资源,协调好生活、生产和生态用水,特别是加强水资源开发、利用中对生态环境的保护,以适应水资源的可持续利用;五是适应依法行政的需要,完善相关的法律责任。

新修改后的《水法》包括总则,水资源规划,水资源开发利用,水资源、水域和水工程的保护,水资源配置和节约使用,水事纠纷处理与执法监督检查,法律责任,附则等共8章82条。

一、《水法》的基本特点

(一)立法宗旨

《水法》立法宗旨:合理开发、利用、节约和保护水资源,防治水害,实现水资源的可持续利用,适应国民经济和社会发展的需要。

中国水资源贫乏、时空分布不平衡,所处的独特的地理位置和气候条件,使我国面临水资源短缺、洪涝灾害频繁、水环境恶化(通俗说是“水少”、“水多”、“水脏”)三大水问题,对国民经济和社会发展具有全局影响。

(二)明确了水权

《水法》规定:水资源属于国家所有。水资源的所有权由国务院代表国家行使。农村集体经济组织的水塘和由农村集体经济组织修建管理的水库中的水,归各该农村集体组织使用。

(三)明确了开发、利用、节约、保护水资源和防治水害的基本原则

(1)水是人类赖以生存与经济社会发展不可替代的基础性资源,也是生态环境的基本要素。

(2)水资源的供求关系与国家的政治、经济、社会发展密切相关,对开发、利用、节约、保护水资源和防治水害的认识是随着经济社会的发展而不断深化的。

(3)水资源的流动性、可再生性、可重复利用性、多功能性、不可替代性,决定了开发、利用、节约、保护水资源和防治水害是相互联系的整体。

(四)明确了水资源的管理体制

按照《水法》的有关规定,从总体上说,流域管理机构在依法管理水资源的工作中,应当突出宏观综合性和民主协调性,着重于一些地方行政区域的水行政主管部门难以单独处理的问题,而一个行政区域内的经常性的水资源监督管理工作主要应由有关地方政府的水行政主管部门具体负责实施。地方在维护全国水资源统一管理、水法基本制度统一的前提下,也可以结合本地实际制定地方性水法规和有关政府规章,制定有利于本地水资源可持续利用的政策和有关规划、计划,依法加强对本行政区域内水资源的统一管理。

二、《水法》基本内容

(一)有关水资源规划的内容

《水法》中专门设立了“水资源规划”一章,明确要求开发、利用、节约、保护水资源和防治水害要按照流域、区域统一制定规划,国家制定全国水资源战略规划,并就规划的种类、制定权限与程序、规划的效力与实施等问题以及水文、水资源信息系统建设、水资源调查评价等水资源管理的基础性工作作了具体规定。

1.《水法》对水资源规划体系进行了明确规定

(1)我国新时期水利改革与发展的战略目标是以水资源的可持续利用支持经济社会的可持续发展,为全面建设小康社会提供有力支撑和保障。

通过规划的制定和执行,为经济社会发展提供五方面的基本保障:一是饮水保障,要优先满足城乡居民生活用水的要求,为城乡居民提供安全清洁的饮用水,改善公共设施和生态环境,逐步提高生活质量;二是经济社会对防洪保安的要求,保障人民生命财产的防洪安全;三是水对粮食安全的保障,基本满足粮食生产对水的需求,改善农业生产条件,为我国粮食安全提供水利保障;四是基本满足国民经济建设用水需求,保障经济持续、快速、健康发展;五是努力满足改善生态环境用水需求,逐步增加生态环境用水,不断改善自然生态和美化生活环境,努力实现人与自然的和谐与协调。

(2)国家制定全国水资源战略规划。

全国的水资源战略规划是宏观规划，主要是在查清我国水资源及其开发利用现状、分析评价水资源承载能力的基础上，根据水资源的分布和经济社会发展整体布局，计划水资源的配置和综合治理问题。目前，由国家发展和改革委员会和水利部牵头，有关部委和各省参加，正在编制的全国水资源综合规划实质就是全国水资源战略规划。举世瞩目的南水北调工程，需要贯通长江、淮河、海河、黄河，实现跨流域调水，就必须在全国水资源战略规划的基础上进行。

(3)对流域规划和区域规划的法律地位和作用进行了规定。

开发、利用、节约、保护、管理水资源和防治水害应当按流域、区域统一制定规划，从事上述水事活动必须服从流域、区域规划。该款还规定了流域、区域规划均包括综合规划和专业规划两大类。

2. 规定了综合规划与专业规划的内涵

综合规划是指根据经济社会发展需要和水资源开发利用现状编制的兴水利、除水害的总体部署，专业规划包括防洪、治涝、灌溉、航运、供水、水力发电、竹木流放、渔业、水资源保护、水土保持、防沙治沙、节约用水等规划，是上述水事活动的具体依据。

3. 阐述了水资源规划之间、水资源规划与有关规划之间的关系

《水法》第十五条规定：流域范围内的区域规划应当服从流域规划，专业规划应当服从综合规划。流域综合规划和区域综合规划以及与土地利用关系密切的专业规划，应当与国民经济和社会发展规划以及土地利用总体规划、城市总体规划和环境保护规划相协调，兼顾各地区、各行业的需要。水资源规划之间和水资源规划与有关规划之间的关系遵循以下原则：

(1)统筹兼顾、相互协调的原则。

水资源具有流域性、多功能性和不可替代性，这就使得开发、利用、节约、保护、管理水资源和防治水害的各项活动相互联系、形成整体。因此，在上下游、左右岸、各行各业之间存在着局部与整体、趋利避害、协调平衡问题。为了保证国家整体利益并统筹兼顾各方利益，本条规定了流域规划与区域规划、专业规划与综合规划之间的关系，并规定了流域规划、区域规划与其他相关的总体规划相协调的关系。有关的水资源规划应当与国民经济和社会发展规划及土地利用总体规划、城市总体规划和环境保护规划相互协调。

(2)局部服从整体、专项服从综合的原则。

《水法》按照局部必须服从整体、专项必须服从综合的原则和对水资源加强统一管理的要求，规定了流域范围内的区域规划应当服从流域规划，专业规划应当服从综合规划。流域和区域的综合规划要充分考虑人口、资源、环境等要素，适应生产力发展布局的要求，处理好防洪抗旱、开源节流保护、兴利除害、排水与蓄水、供水与用水以及上游与下游、城市与农村、流域与区域等方面的需要，统筹兼顾各地区、各行业的需要。

(二)关于水资源开发利用的内容

《水法》明确提出了用水顺序的规定，跨流域调水的规定，实行水资源论证制度的规定，开发利用雨水等多种非传统水资源的规定，加强对灌溉、排涝、水土保持工作的领导和农村集体经济组织及其成员兴建水工程设施的规定，水能资源开发、利用要求的规定，利

用水运资源和修建拦河闸坝妥善安排水生生物保护、航运、竹木流放的规定，引水、截(蓄)水、排水产生的相邻关系的规定，水工程建设移民安置方针、原则、规划和经费的规定等。

《水法》中规定水资源开发利用的基本原则为：

(1)全面规划、统筹兼顾。

水资源的开发利用必须坚持兴利与除害相结合，兼顾上下游、左右岸和有关地区之间的利益，充分发挥水资源的综合效益。

(2)以水资源合理配置为基础。

遵循全面规划、合理开发、高效利用、优化配置、有效保护、科学管理的原则，以提高水资源利用效率和效益为核心，不断提高水资源的承载能力，促进水资源的可持续利用，统筹协调生活、生产和生态环境用水。

(3)以水资源供水安全体系建设为目标。

通过建设调蓄工程增强水资源调蓄能力，对天然来水过程进行有效调控，提高供水能力，适应用水部门的需求过程，提高供水保证率。

(4)经济社会的发展要考虑水资源的条件，进行科学论证，在水资源不足的地区，要对城市规模和建设耗水量大的工业、农业、服务业项目加以限制。

(5)水资源开发利用要全面规划、统筹兼顾，发挥水资源的多种功能，大力发展水电、水运等各项事业。

(三)关于水资源、水域和水工程保护的内容

《水法》关于水资源、水域和水工程保护的规定，主要内容包括：保护水量及生态用水的规定；因违反规划和疏干排水行为造成水资源和生态环境破坏时应当承担的治理责任和赔偿责任的规定；水功能区划、排污总量控制制度和水质监测的规定；饮用水水源保护区制度的规定；入河排污口设置审批制度的规定；对农业灌溉水源、供水水源和灌排工程设施保护的规定；地下水超采区管理以及在沿海地区开采地下水的要求的规定；对妨碍河道行洪活动的禁止性规定；对河道管理范围内建设活动管理的规定；对河道采砂管理的规定；对围垦河道、湖泊的限制性规定；对单位和个人保护水工程设施的规定；对地方人民政府和水行政主管部门保障水工程安全的责任的规定，以及对划定水工程管理和保护范围的规定等。

(四)水资源配置和节约使用

《水法》对水资源配置和节约使用的规定主要包括：制定中长期供求规划，水量分配与统一调度，总量控制和定额管理相结合的制度等；取水许可制度和有偿使用制度，计量使用、计量收费和超定额累进加价制度等取用水资源和用水管理制度；工业、农业、居民生活的有关节约用水措施和制度；制定供水价格的原则和权限等。

解决我国的水问题，核心是提高用水效率，建设节水型社会。因此，《水法》以建立节水型社会，实现水资源的可持续利用，支持经济社会可持续发展为目标，把水资源的节约、保护、合理配置放在突出位置，促进资源与经济社会、生态环境协调发展。

(五)水事纠纷处理与执法监督检查

《水法》关于水事纠纷处理与执法监督检查的规定主要有：不同行政区域间水事纠纷

的处理程序,单位之间、个人之间、单位与个人之间水事纠纷的处理程序,有关部门的临时处置措施,水行政主管部门和流域管理机构的监督检查权及水政监督检查人员的任职要求、有权采取的措施,依法履行监督检查职责,被检查单位和个人应当给予配合,以及人民政府和水行政主管部门内部层级监督的规定。

(六)法律责任

法律责任,是指违反法律的规定而必须承担的法律后果。法律责任由法律作出规定,由法律规定的机关依法追究。法律责任按违法行为的性质不同可以分为刑事责任、行政责任和民事责任三大类。具体采取哪一种法律责任形式,应当根据调整违法行为人所侵害的社会关系的性质、特点以及侵害的程度等多种因素来确定。

《水法》就水资源的管理体制,水资源的权属,水资源的规划,水资源、水域和水工程的保护,水资源配置和节约使用,水事纠纷处理与执法监督检查等作了规定,设立了一系列的法律制度。目的就是能够合理开发、利用、节约和保护水资源,防治水害,实现水资源的可持续利用,适应国民经济和社会发展的需要。

(七)附则

《水法》中"附则"一章共5条,主要内容包括:《水法》与国际条约关系的规定,对水工程定义的规定,关于海水的开发、利用、保护和管理适用有关法律的规定,关于从事防洪和水污染防治适用有关法律的规定,及对新《水法》生效日期的规定等。

新《水法》颁布10年来,对合理开发、利用、节约和保护水资源,防治水害,实现水资源的可持续利用,支持国民经济和社会的可持续发展,产生了积极的推动作用,其强大的生命力在今后的发展中将展现得更为突出。

第三节　《水污染防治法》概述

一、《水污染防治法》修订历程

原《水污染防治法》于1984年5月11日第六届全国人民代表大会常务委员会第五次会议通过,同年11月开始施行。1996年5月15日第八届全国人民代表大会常务委员会第十九次会议通过的《关于修改〈中华人民共和国水污染防治法〉决定》是对《水污染防治法》的第一次修订;现行的《水污染防治法》是2008年2月28日第十届全国人民代表大会常务委员会第三十二次会议全票通过的《水污染防治法》修订案,于2008年6月1日施行。现行的《水污染防治法》结构上比1996年的修订版增加了一章内容,法律条款亦增加了34条,其指导思想明确,内容和结构更为丰富和完善,制度更符合实际,为水污染防治工作由被动应对转向主动防控、让江河湖泊休养生息奠定了坚实的法律基础。

现行《水污染防治法》包括总则、水污染防治的标准和规划、水污染防治的监督管理、水污染防治措施、饮用水水源和其他特殊水体保护、水污染事故处置、法律责任、附则,共8章92条。

经过两次修订,现行《水污染防治法》的主要进步体现在:第一,确立了"保障饮用水安全、促进可持续发展"的立法目的;第二,进一步明确了地方政府在水污染防治中的责任；第三，扩大了地方政府和环保部门在水污染防治中的权力；第四，完善了饮用水水源保护区管理制度；第五，分别强化了城镇水污染防治和农业农村水污染防治；第六，强化了重点水污染物排放总量控制制度；第七，在法律位阶上明确了排污许可制度；第八，完善了环境信息的收集和分析制度；第九，加大了违法排污处罚力度；第十，完善了水污染损害赔偿责任制度。

二、《水污染防治法》的主要内容

《水污染防治法》是我国为防治水环境的污染而制定的基本法律。

（一）立法总则

1. 立法目的

《水污染防治法》第一条明确规定：为了防治水污染，保护和改善环境，保障饮用水安全，促进经济社会全面协调可持续发展，制定本法。

2. 法律适用范围

《水污染防治法》第二条规定：本法适用于中华人民共和国领域内的江河、湖泊、运河、渠道、水库等地表水体以及地下水体的污染防治。海洋污染防治适用《中华人民共和国海洋环境保护法》。

3. 水污染防治的基本原则

《水污染防治法》第三条规定：水污染防治应当坚持预防为主、防治结合、综合治理的原则，优先保护饮用水水源，严格控制工业污染、城镇生活污染，防治农业面源污染，积极推进生态治理工程建设，预防、控制和减少水环境污染和生态破坏。

4. 主要制度

1）水污染防治责任制度

《水污染防治法》第四条规定：县级以上人民政府应当将水环境保护工作纳入国民经济和社会发展规划。县级以上地方人民政府应当采取防治水污染的对策和措施，对本行政区域的水环境质量负责。

《水污染防治法》规定，县级以上地方人民政府应当采取的防治水污染的主要对策和措施有：一是根据依法批准的江河、湖泊流域水污染防治规划，组织制定本行政区域的水污染防治规划；二是开发、利用和调节、调度水资源时，应当统筹兼顾，维持江河的合理流量和湖泊、水库以及地下水体的合理水位，维护水体的生态功能；三是按照本行政区域重点水污染物排放总量控制指标的要求，将重点水污染物排放总量控制指标分解落实到下级人民政府直至排污单位；四是合理规划工业布局，对造成水污染的企业进行技术改造，采取综合防治措施，提高水的重复利用率，减少废水和污染物排放量；五是通过财政预算和其他渠道筹集资金，统筹安排建设城镇污水集中处理设施及配套管网，提高本行政区域城镇污水的收集率和处理率；六是划定饮用水水源保护区并采取有针对性的具体措施对饮用水水源和其他特殊水体予以保护，等等。

2）目标责任和考核评价制度

《水污染防治法》第五条规定：国家实行水环境保护目标责任制和考核评价制度，将水环境保护目标完成情况作为对地方人民政府及其负责人考核评价的内容。

《国务院关于落实科学发展观加强环境保护的决定》提出,要把环境保护纳入领导班子和领导干部考核的重要内容,并将考核情况作为干部选拔任用和奖惩的依据之一。《水污染防治法》以法律的形式明确规定,国家实行水环境保护目标责任制和考核评价制度,将水环境保护目标完成情况作为对地方人民政府及其负责人考核评价的内容,使这一制度成为法定制度。

3)水环境生态补偿制度

《水污染防治法》第七条规定:国家通过财政转移支付等方式,建立健全对位于饮用水水源保护区区域和江河、湖泊、水库上游地区的水环境生态保护补偿机制。

生态保护补偿,就是保护、弥补生态系统的消耗和损失,恢复生态平衡和生态功能。生态系统遭受消耗和损失后,可以通过两种方式得以补偿:一种是自我补偿,另一种是外部补偿。环境保护法中的生态保护补偿,就是建立生态系统的外部保护补偿机制,实际上是对在保护和恢复、重建生态系统,修复生态环境的整体功能,预防生态失衡和对环境污染进行综合治理中发生的经济补偿的总称。

4)排放标准和总量控制制度

《水污染防治法》第九条规定:排放水污染物,不得超过国家或者地方规定的水污染物排放标准和重点水污染物排放总量控制指标。

水污染物排放标准,是结合生产技术和污染控制技术所确定的技术可行、经济合理的标准限值。规定禁止超标排污,对我国环境保护法律制度的完善有着重要意义。具体而言,在没有地方水污染物排放标准的地方,向水体排放污染物的,不得超过国家水污染物排放标准;在有地方水污染物排放标准的地方,向水体排放污染物的,不得超过地方水污染物排放标准。超过水污染物排放标准排放污染物将构成违法,应当承担相应的法律责任。

重点水污染物排放总量控制制度是控制重点水污染物排放量的有效手段。为进一步加强对水污染物的源头削减和排放控制,新修订的《水污染防治法》取消了对实施重点水污染物总量控制制度的水体的范围。省(区、市)人民政府应当按照国务院的规定,削减和控制本行政区域的重点水污染物排放总量,并将重点水污染物排放总量控制指标分解落实到市、县人民政府。市、县人民政府根据本行政区域重点水污染物排放总量控制指标的要求,将重点水污染物排放总量控制指标分解落实到排污单位。对排放水污染物超过重点水污染物排放总量控制指标的,《水污染防治法》规定由县级以上人民政府环境保护主管部门按照权限责令限期治理,处应缴纳排污费数额二倍以上五倍以下的罚款。限期治理期间,由环境保护主管部门责令限制生产、限制排放或者停产整治。限期治理的期限最长不超过一年;逾期未完成治理任务的,报经有批准权的人民政府批准,责令关闭。上述规定体现了我国对水污染物排放的监管从浓度控制方式向浓度与总量控制相结合的方式的转变。

5. 管理体制

《水污染防治法》第八条明确了水污染防治的管理体制,即县级以上人民政府环境保护主管部门对水污染防治实施统一监督管理。交通主管部门的海事管理机构对船舶污染水域的防治实施监督管理。县级以上人民政府水行政、国土资源、卫生、建设、农业、渔业等部门以及重要江河、湖泊的流域水资源保护机构,在各自的职责范围内,对有关水污染防治实施监督管理。

这个管理体制包含三个含义:第一,环保部门负责水污染防治的统一监督管理;第二,对于船舶污染的防治由交通海事部门监督管理;第三,其他有关部门对水污染防治,在各自职责范围内实施监督管理。

6. 权利与义务

《水污染防治法》总则中的基本权利义务主要表述了三个方面的内容。

(1)国家的义务:①国家鼓励、支持水污染防治科学技术研究和先进适用技术推广应用,加强水环境保护的宣传教育(第六条);②实行水环境保护目标责任制和考核评价制度,将水环境保护目标完成情况作为对地方人民政府及其负责人考核评价的内容(第五条)。

(2)政府的义务:①县级以上人民政府将水环境保护工作纳入国民经济和社会发展规划(第四条);②县级以上人民政府及其有关主管部门对在水污染防治工作中做出显著成绩的单位和个人给予表彰和奖励(第十条)。此外,政府的义务还表现为前述管理体制的诸多内容,即各项管理和监督部门的职责,也应当算做政府义务的组成部分。

(3)公民的权利与义务:①任何单位和个人都有义务保护水环境;②有权对污染损害水环境的行为进行检举。在环境保护事务中,公民的权利与义务中,最重要的应当是公众参与权。

(二)关于水污染防治的标准和规划

关于水污染防治的标准和规划的规定,《水污染防治法》共六条,主要内容包括:制定水环境质量标准的规定;重要江河、湖泊流域的省界水体适用的水环境质量标准的规定;国家和地方水污染物排放标准的制定的规定;水环境质量标准和水污染物排放标准修订的规定;水污染防治规划体系及其审批修改程序的规定;开发、利用和调节、调度水资源时应当统筹兼顾,维护水体的生态功能的规定等。

1. 水环境质量标准的制定

《水污染防治法》第十一条规定:国务院环境保护主管部门制定国家水环境质量标准。省、自治区、直辖市人民政府可以对国家水环境质量标准中未作规定的项目,制定地方标准,并报国务院环境保护主管部门备案。

2. 水污染防治规划体系及其审批修改程序

《水污染防治法》第十五条规定:防治水污染应当按流域或者按区域进行统一规划。国家确定的重要江河、湖泊的流域水污染防治规划,由国务院环境保护主管部门会同国务院经济综合宏观调控、水行政等部门和有关省、自治区、直辖市人民政府编制,报国务院批准。前款规定外的其他跨省、自治区、直辖市江河、湖泊的流域水污染防治规划,根据国家确定的重要江河、湖泊的流域水污染防治规划和本地实际情况,由有关省、自治区、直辖市人民政府环境保护主管部门会同同级水行政等部门和有关市、县人民政府编制,经有关省、自治区、直辖市人民政府审核,报国务院批准。省、自治区、直辖市内跨县江河、湖泊的流域水污染防治规划,根据国家确定的重要江河、湖泊的流域水污染防治规划和本地实际情况,由省、自治区、直辖市人民政府环境保护主管部门会同同级水行政等部门编制,报省、自治区、直辖市人民政府批准,并报国务院备案。经批准的水污染防治规划是防治水污染的基本依据,规划的修订须经原批准机关批准。县级以上地方人民政府应当根据依法批准的江河、湖泊的流域水污染防治规划,组织制定本行政区域的水污染防治规划。

(三)关于水污染防治的监督管理的规定

关于水污染防治的监督管理的规定,《水污染防治法》共12条,主要内容包括:建设项目环境影响评价和“三同时”制度的规定;重点水污染物排放实施总量控制制度的规定;环境保护主管部门对未按照要求完成重点水污染物排放总量控制指标的地方和严重污染水环境的企业予以公布的规定;排污许可制度的规定;排污申报登记制度的规定;设置排污口的规定;重点排污单位应当安装水污染物排放自动监测设备的规定;缴纳排污费的规定;水环境质量监测和水污染物排放监测制度的规定;监测重要江河、湖泊流域的省界水体的水环境质量的规定;监督管理部门对排污单位进行现场检查的规定;解决跨行政区域的水污染纠纷的规定等。

《水污染防治法》第十七条规定:新建、改建、扩建直接或者间接向水体排放污染物的建设项目和其他水上设施,应当依法进行环境影响评价。建设单位在江河、湖泊新建、改建、扩建排污口的,应当取得水行政主管部门或者流域管理机构同意;涉及通航、渔业水域的,环境保护主管部门在审批环境影响评价文件时,应当征求交通、渔业主管部门的意见。建设项目的水污染防治设施,应当与主体工程同时设计、同时施工、同时投入使用。水污染防治设施应当经过环境保护主管部门验收,验收不合格的,该建设项目不得投入生产或者使用。

(四)关于水污染防治措施的管理规定

关于水污染防治措施的管理规定,《水污染防治法》共分五节进行了表述,分别为一般规定、工业水污染防治、城镇水污染防治、农业和农村水污染防治、船舶水污染防治等。其中,一般规定包括禁止或限制向水体排放油类等废液、放射性固体废物和放射性废水、含热废水、含病原体的污水的规定,禁止违法堆放、存贮固体废弃物和其他污染物,禁止利用渗井等排放、倾倒水污染物的规定,禁止利用无防渗漏措施的沟渠、坑塘输送或存贮有毒污染物的规定,地下水开采中保护水质的规定,进行地下作业防止污染地下水的规定,防止人工回灌补给污染地下水的规定。

(五)关于饮用水源及其他水体保护

《水污染防治法》第五十六条到第六十五条是对饮用水水源及其他水体保护的规定,其主要内容包括饮用水水源保护区制度、划定程序及设立标志的规定;禁止在饮用水水源保护区内设置排污口的规定;关于饮用水水源保护区管理的规定;在准保护区内采取生态保护措施,以防止污染饮用水的规定;防止饮用水水源受到污染,威胁供水安全应采取的措施的规定;省级以上人民政府可以在饮用水水源保护区采取特殊保护措施的规定;县级以上人民政府应对特殊水体划定保护区加以保护的规定;不得在特殊保护水体新建排污口的规定等。

(六)关于水污染事故处置

《水污染防治法》中对于水污染事故的处置共有3条规定:

第六十六条:各级人民政府及其有关部门,可能发生水污染事故的企业事业单位,应当依照《中华人民共和国突发事件应对法》的规定，做好突发水污染事故的应急准备、应急处置和事后恢复等工作。

第六十七条：可能发生水污染事故的企业事业单位，应当制订有关水污染事故的应急方案，做好应急准备，并定期进行演练。

生产、储存危险化学品的企业事业单位，应当采取措施，防止在处理安全生产事故过程中产生的可能严重污染水体的消防废水、废液直接排入水体。

第六十八条：企业事业单位发生事故或者其他突发性事件，造成或者可能造成水污染事故的，应当立即启动本单位的应急方案，采取应急措施，并向事故发生地的县级以上地方人民政府或者环境保护主管部门报告。环境保护主管部门接到报告后，应当及时向本级人民政府报告，并抄送有关部门。

造成渔业污染事故或者渔业船舶造成水污染事故的，应当向事故发生地的渔业主管部门报告，接受调查处理。其他船舶造成水污染事故的，应当向事故发生地的海事管理机构报告，接受调查处理；给渔业造成损害的，海事管理机构应当通知渔业主管部门参与调查处理。

（七）法律责任

《水污染防治法》从提高罚款额度、创设处罚方式、扩大处罚对象、增加应受处罚的行为种类、调整处罚权限、增加强制执行权等 10 个方面，加大了水污染违法行为的处罚力度，增强了对违法行为的震慑力。其中，针对私设暗管行为的处罚、针对违法企业直接责任者个人收入的经济处罚、限期治理、强制拆除等法律责任都给予了明确规定。本章共 22 条，分别就违法行为的种类及相应的处罚措施、处罚幅度等内容作了规定。

（八）附则

《水污染防治法》中“附则”一章共 2 条，主要内容包括《水污染防治法》中一些定义的规定及对新法律生效日期的规定等。

我国现行《水污染防治法》在重重水危机的背景下出台，历经三次审核，是集社会各界人士和广大人民群众智慧所成之作，其内容大幅增加，体系重新构建，制度有所创新，法律责任得以扩充，执法力度得以强化，可称其为新时代的《水污染防治法》，但是由于其制定目的是遏制频繁发生的水污染事故，所以本法的应对痕迹较强，着力点在于解决近一段时间之内的水污染问题。

第四节 《水土保持法》概述

一、《水土保持法》立法及修订历程

《水土保持法》于 1991 年 6 月 29 日由第七届全国人民代表大会常务委员会第二十次会议审议通过。该法的颁布实施被称为中国水土保持事业的一个里程碑。

水土流失是我国头号环境问题，严重威胁国家生态安全、粮食安全、防洪安全。自 1991 年《水土保持法》颁布实施以来，国家不断加大水土流失预防治理力度，为改善农业生产条件和城乡生态环境，促进经济社会又好又快发展发挥了重要作用。随着经济社会

的快速发展和人民群众对生态环境要求的不断提高,水土保持工作也遇到了一些新的问题,迫切需要通过修订《水土保持法》加以解决。经过各方面历时5年的努力,修订后的《水土保持法》经中华人民共和国第十一届全国人民代表大会常务委员会第十八次会议审议通过,第39号主席令予以公布,从2011年3月1日起正式施行。这是水利法制建设的重要里程碑,对进一步依法保护水土资源,加快水土流失防治进程,改善生态环境,保障经济社会可持续发展,必将产生巨大的推动作用和深远的历史影响。

新修订后的《水土保持法》在反映科学发展观、可持续发展和和谐发展的理念上更为明显,充分体现人与自然和谐的思想,将近年来党和国家关于生态建设的方针、政策以及各地的成功做法与实践以法律形式确定下来,它体现出来的特点可用"五个强化"来概括:强化了政府和部门责任,强化了规划的法律地位,强化了预防保护制度,强化了综合治理措施,强化了法律责任。

新《水土保持法》包括总则、规划、预防、治理、监测和监督、法律责任、附则等共7章60条。

二、《水土保持法》的主要内容

(一)立法总则

1.立法目的

新《水土保持法》的立法目的是预防和治理水土流失,保护和合理利用水土资源,减轻水、旱、风沙灾害,改善生态环境,保障经济社会可持续发展。

2.水土保持的法律概念

新《水土保持法》中对水土保持的定义为:本法所称水土保持,是指对自然因素和人为活动造成水土流失所采取的预防和治理措施(第二条第二款)。

新《水土保持法》规定了水土保持的法律概念,即对自然因素和人为活动造成水土流失所采取的预防和治理措施。因此,水土保持至少包括四层含义:自然水土流失的预防、自然水土流失的治理、人为水土流失的预防、人为水土流失的治理。

3.水土保持的工作方针

新《水土保持法》对水土保持工作方针的规定:预防为主、保护优先、全面规划、综合治理、因地制宜、突出重点、科学管理、注重效益(第三条)。

与原《水土保持法》相比,新《水土保持法》增加了"保护优先"和"突出重点"的内容,并将"综合防治"修订为"综合治理","加强管理"修订为"科学管理",使水土保持工作方针更加科学和完善。一是进一步强化了"预防"的地位,体现了我国生态建设与保护由事后治理向事前预防的战略性转变。二是原"综合防治"之中的"防",已经在"预防为主"中体现了其含义,故将其修订为"综合治理"。三是强调因地制宜和突出重点要相辅相成。针对我国水土流失防治任务非常艰巨和国家财力相对有限的现实国情,既要全面重视、整体推进,又要突出重点,尤其是对重点地区、事关国计民生的重大问题要有针对性地开展重点防治。四是强调水土保持管理的科学性。水土保持作为社会公益性事业,科学管理是政府依法行政、规范行政、提高行政效率的必然要求,是现代政府职能的具体体现。

(二)关于水土保持规划

水土保持规划是水土保持工作的总体和专项部署,它的编制落实直接关系到水土保持工作的综合、长远效果。新《水土保持法》主要针对水土保持工作统筹规划还不够的问题,新增加了这一章。该章对水土保持规划编制的依据、规划的内容、编制的主体和批准程序等都作了明确规定,强调水土保持规划应该在水土流失调查结果、对水土流失重点预防区和重点治理区进行划分的基础上,遵循统筹协调、分类指导的原则编制。

1. 水土保持规划编制的依据和原则

新《水土保持法》第十条内容为:水土保持规划应当在水土流失调查结果及水土流失重点预防区和重点治理区划定的基础上,遵循统筹协调、分类指导的原则编制。需要强调的是,我国幅员辽阔,自然、经济、社会条件差异大,水土流失范围广,面积大,形式多样,类型复杂。水力、风力、重力、冻融及混合侵蚀特点各异,防治对策和治理模式各不相同。因此,必须从实际出发,坚持分类指导的原则,对不同区域、不同侵蚀类型区水土流失的预防和治理区别对待,因地施策,因势利导,不能“一刀切”。

2. 水土保持规划的内容

新《水土保持法》第十三条第一款明确指出:水土保持规划的内容应当包括水土流失状况,水土流失类型区划分,水土流失防治目标、任务和措施等。

编制规划时,一是要系统分析评价区域水土流失的强度、类型、分布、原因、危害及发展趋势,全面反映水土流失状况。二是要根据规划范围内各地不同的自然条件、社会经济情况、水土流失及发展趋势,进行水土流失类型区划分和水土保持区划分,确定水土流失防治的主攻方向。三是根据区域的自然、经济、社会发展需求,因地制宜,合理确定水土流失防治目标。一般以量化指标表示,如新增水土流失治理面积、林草覆盖率、减少土壤侵蚀量、水土流失治理度等。四是分类施策,确定防治任务,提出防治措施,包括政策措施、预防措施、治理措施和管理措施等。

(三)关于水土流失预防

新《水土保持法》进一步强化了预防为主、保护优先的水土保持工作方针。主要内容包括地方政府预防水土流失的职责,在水土流失严重、生态脆弱地区等特殊区域禁止和限制性规定,生产建设项目水土保持方案管理、设施验收制度等。

1. 水土流失的预防

新《水土保持法》第十六条内容为:地方各级人民政府应当按照水土保持规划,采取封育保护、自然修复等措施,组织单位和个人植树种草,扩大林草覆盖面积,涵养水源,预防和减轻水土流失。

2. 禁垦区域

新《水土保持法》第二十条内容为:禁止在25°以上陡坡地开垦种植农作物。在25°以上陡坡地种植经济林的,应当科学选择树种,合理确定规模,采取水土保持措施,防止造成水土流失。省、自治区、直辖市根据本行政区域的实际情况,可以规定小于25°的禁止开垦坡度。禁止开垦的陡坡地的范围由当地县级人民政府划定并公告。

3. 生产建设项目水土保持方案制度

新《水土保持法》第二十五条内容为:在山区、丘陵区、风沙区以及水土保持规划确定的容易发生水土流失的其他区域开办可能造成水土流失的生产建设项目,生产建设单位应当编制水土保持方案,报县级以上人民政府水行政主管部门审批,并按照经批准的水土保持方案,采取水土流失预防和治理措施。没有能力编制水土保持方案的,应当委托具备相应技术条件的机构编制。水土保持方案应当包括水土流失预防和治理的范围、目标、措施和投资等内容。水土保持方案经批准后,生产建设项目的地点、规模发生重大变化的,应当补充或者修改水土保持方案并报原审批机关批准。水土保持方案实施过程中,水土保持措施需要作出重大变更的,应当经原审批机关批准。生产建设项目水土保持方案的编制和审批办法,由国务院水行政主管部门制定。

4. 生产建设项目水土保持“三同时”制度

新《水土保持法》第二十七条内容为:依法应当编制水土保持方案的生产建设项目中的水土保持设施,应当与主体工程同时设计、同时施工、同时投产使用;生产建设项目竣工验收,应当验收水土保持设施;水土保持设施未经验收或者验收不合格的,生产建设项目不得投产使用。

(四)关于水土流失治理

新《水土保持法》对国家水土保持重点工程建设、水土保持生态效益补偿、水土保持补偿费、社会公众参与治理、水土保持技术路线及措施体系等作了规定。

1. 水土保持重点工程建设

新《水土保持法》第三十条规定:国家加强水土流失重点预防区和重点治理区的坡耕地改梯田、淤地坝等水土保持重点工程建设,加大生态修复力度。县级以上人民政府水行政主管部门应当加强对水土保持重点工程的建设管理,建立和完善运行管护制度。

2. 水土保持生态效益补偿

新《水土保持法》第三十一条规定:国家加强江河源头区、饮用水水源保护区和水源涵养区水土流失的预防和治理工作,多渠道筹集资金,将水土保持生态效益补偿纳入国家建立的生态效益补偿制度。

3. 水土保持补偿费

新《水土保持法》第三十二条规定:开办生产建设项目或者从事其他生产建设活动造成水土流失的,应当进行治理。在山区、丘陵区、风沙区以及水土保持规划确定的容易发生水土流失的其他区域开办生产建设项目或者从事其他生产建设活动,损坏水土保持设施、地貌植被,不能恢复原有水土保持功能的,应当缴纳水土保持补偿费,专项用于水土流失预防和治理。专项水土流失预防和治理由水行政主管部门负责组织实施。水土保持补偿费的收取使用管理办法由国务院财政部门、国务院价格主管部门会同国务院水行政主管部门制定。生产建设项目在建设过程和生产过程中发生的水土保持费用,按照国家统一的财务会计制度处理。

4. 水土流失治理措施

1)对水力、风力、重力侵蚀地区的水土流失治理措施的规定

新《水土保持法》第三十五条规定:在水力侵蚀地区,地方各级人民政府及其有关部门应当组织单位和个人,以天然沟壑及其两侧山坡地形成的小流域为单元,因地制宜地采取工程措施、植物措施和保护性耕作等措施,进行坡耕地和沟道水土流失综合治理。在风

力侵蚀地区,地方各级人民政府及其有关部门应当组织单位和个人,因地制宜地采取轮封轮牧、植树种草、设置人工沙障和网格林带等措施,建立防风固沙防护体系。在重力侵蚀地区,地方各级人民政府及其有关部门应当组织单位和个人,采取监测、径流排导、削坡减载、支挡固坡、修建拦挡工程等措施,建立监测、预报、预警体系。

2)对饮用水水源保护区的水土流失治理措施的规定

新《水土保持法》第三十六条规定:在饮用水水源保护区,地方各级人民政府及其有关部门应当组织单位和个人,采取预防保护、自然修复和综合治理措施,配套建设植物过滤带,积极推广沼气,开展清洁小流域建设,严格控制化肥和农药的施用,减少水土流失引起的面源污染,保护饮用水水源。

3)对坡耕地水土流失治理的规定

新《水土保持法》第三十七条规定:已在禁止开垦的陡坡地上开垦种植农作物的,应当按照国家有关规定退耕,植树种草;耕地短缺、退耕确有困难的,应当修建梯田或者采取其他水土保持措施。在禁止开垦坡度以下的坡耕地上开垦种植农作物的,应当根据不同情况,采取修建梯田、坡面水系整治、蓄水保土耕作或者退耕等措施。

4)对生产建设活动造成水土流失的治理措施的规定

新《水土保持法》第三十八条规定:对生产建设活动所占用土地的地表土应当进行分层剥离、保存和利用,做到土石方挖填平衡,减少地表扰动范围;对废弃的砂、石、土、矸石、尾矿、废渣等存放地,应当采取拦挡、坡面防护、防洪排导等措施。生产建设活动结束后,应当及时在取土场、开挖面和存放地的裸露土地上植树种草、恢复植被,对闭库的尾矿库进行复垦。在干旱缺水地区从事生产建设活动,应当采取防止风力侵蚀措施,设置降水蓄渗设施,充分利用降水资源。

5)对国家鼓励和支持的有利于水土保持的措施的规定

新《水土保持法》第三十九条规定:国家鼓励和支持在山区、丘陵区、风沙区以及容易发生水土流失的其他区域,采取下列有利于水土保持的措施:免耕、等高耕作、轮耕轮作、草田轮作、间作套种等;封禁抚育、轮封轮牧、舍饲圈养;发展沼气、节柴灶,利用太阳能、风能和水能,以煤、电、气代替薪柴等;从生态脆弱地区向外移民;其他有利于水土保持的措施。

(五)关于水土保持监测和监督

新《水土保持法》对于水土保持监测和监督的规定,主要包括水土保持监测工作的性质、经费保障、动态监测及公告制度、生产建设项目监测义务及资质要求,县级以上水行政主管部门及流域管理机构的水土保持监督检查职责、监督检查内容和程序,以及水土流失纠纷解决机制等内容。

针对原《水土保持法》中水土保持监测体系和监督措施不够完善的情况,新《水土保持法》在以下方面作了完善:国务院水行政主管部门要完善全国水土保持监测网络,对全国水土流失进行动态监测;国务院和省(区、市)人民政府水行政主管部门,应当根据水土保持监测情况,定期对水土流失状况、变化趋势、造成危害,以及水土流失预防和治理情况进行公告;县级以上人民政府水行政主管部门要加强水土保持监测工作,发挥水土保持监测工作在政府决策、经济社会发展和社会公共服务中的作用,县级以上人民政府应当保障水土保持监测工作经费;对可能造成严重水土流失的大中型生产建设项目,生产建设单位应当自行或者委托具备水土保持监测资质的机构,对生产建设活动造成的水土流失进行监测,并将监测情况定期上报当地水行政主管部门。

同时,为了更好地施行《水土保持法》,法律授予了水土保持部门监督检查的职权。法律规定"县级以上人民政府水行政主管部门负责对水土保持情况进行监督检查,流域管理机构在其管辖范围内可以行使国务院水行政主管部门的监督检查职权"。水土保持的监督检查人员依法履行监督检查职责时,有权要求被检查的单位或者个人提供有关的文件、证照、资料。被检查的单位和个人拒不停止违法行为,造成严重水土流失的,报经水行政主管部门批准,还可以采取查封、扣押实施违法行为的工具以及施工机械、设备等。

(六)法律责任

新《水土保持法》对原《水土保持法》的"法律责任"作了全面修订,由原来的9条增至12条,其中新增7条,修改5条,主要体现在四个方面:一是对新设定或修订的法律制度规定了法律责任,完善了水土保持法律责任体系;二是增加了对违法行为的处罚种类,加大了处罚力度,体现了"过罚相当"的原则;三是完善了法律责任的履行方式,加强了法律责任的可执行性和可操作性;四是与有关法律相衔接,精简了有关刑事责任、治安管理处罚、民事责任、行政复议等方面的具体规定。

新《水土保持法》不仅对违法行为人加大了处罚力度,而且增加了对水行政主管部门,或者是从事水土保持工作的行政主管部门本身的法律责任。新《水土保持法》第四十七条规定:水行政主管部门或者其他依照本法规定行使监督管理权的部门,不依法作出行政许可决定或者办理批准文件的,发现违法行为或者接到对违法行为的举报不予查处的,或者有其他未依照本法规定履行职责的行为的,对直接负责的主管人员和其他直接责任人员依法给予处分。这是水土保持工作人员要承担的法律责任,体现了法律权利和义务的对等。一方面法律赋予了行政机关很多权力,要加强监督检查,包括采取行政措施的权力。另一方面法律也对行政机关及其工作人员规定了法律责任,如果不依法行政,也要承担相应的法律责任。

(七)附则

新《水土保持法》的"附则"一章共2条,主要规定了地方单位水土保持工作机构的水土保持职责,以及新《水土保持法》生效日期为2011年3月1日。

新《水土保持法》的颁布施行,对进一步加快水土流失防治步伐,有效保护水土资源,减轻水旱风沙灾害,改善生态环境,保障经济社会的可持续发展具有十分重要的意义。

第五节 《防洪法》概述

一、《防洪法》立法过程

《防洪法》于1997年8月29日第八届全国人民代表大会常务委员会第二十七次会议通过,1998年1月1日起施行。

《防洪法》是我国第一部规范防治自然灾害的法律,填补了我国社会主义市场经济法律体系框架中的一个空白，也是继《水法》、《水土保持法》等法律之后的又一部重要的水事法律。《防洪法》的颁布实施，标志着我国防洪事业进入了一个新的阶段，防洪工作将进一步纳入法律化管理的轨道。

《防洪法》包括总则、防洪规划、治理与防护、防洪区和防洪工程设施的管理、防汛抗洪、保障措施、法律责任、附则共8章66条。

二、《防洪法》的基本内容

(一)立法总则

《防洪法》是我国防治洪水工作的基本法律，是调整防治洪水活动中各种社会关系的强制性规范。本章作为第一章总则，共8条，规定了我国防治洪水工作中的根本性问题。具体内容包括：立法目的；防洪工作应当遵循的基本原则和基本制度；政府应当将防洪工程设施建设纳入国民经济和社会发展规划；政府防治洪水工作的基本职责；政府部门在防洪工作中的职责分工及任何单位和个人都有参加防治洪水活动的法律义务。

1. 立法目的

《防洪法》的立法目的是：防治洪水，防御、减轻洪涝灾害，维护人民的生命和财产安全，保障社会主义现代化建设顺利进行(第一条)。

我国水土流失严重，河流湖泊大量淤积、围垦，防洪能力进一步下降，同样的洪水，水位越来越高，流速越来越慢，洪水持续时间越来越长，防洪的形势更加严峻。在防洪工作中，存在着没有切实的手段保证防洪规划的落实，对河道防护及防洪工程设施保护缺乏强有力的措施，对蓄滞洪区的安全与建设缺乏有效的管理，以及防洪投入不够，防洪标准偏低，实际防洪能力差等若干问题。制定《防洪法》就是要针对上述问题进行规范，通过法律手段，理顺防洪活动中的各种社会关系，使防洪活动在有序、高效、科学的轨道上顺利进行，最终达到治理、预防、减轻洪涝灾害，保障人民生命和财产安全，保障社会主义现代化建设实现的根本目的。

2. 防洪工作的基本原则

防洪工作实行全面规划、统筹兼顾、预防为主、综合治理、局部利益服从全局利益的原则(第二条)。其中，局部利益服从全局利益原则适用于我国防洪工作的各个方面，其中包括对蓄滞洪区的规定。我国一方面地域辽阔，洪涝灾害频繁，另一方面由于经济发展水平所限，全社会用于修建水利工程设施的投入难以满足抵御各种标准的洪水侵袭的要求，防洪能力十分有限。在这种情况下，为了将洪水损失减小到最低，不得已时只能牺牲局部利益以保大局。坚持局部利益服从全局利益的原则，对实践有直接的指导意义，无论是领导同志还是普通群众，都要牢固树立从大局出发的思想，洪水无情，只有在必要时勇于舍小家、保大家，才能使洪水得到有效的遏制，降低所受到的损失。

3. 防洪管理制度

《防洪法》第八条对防洪的管理体制给予了明确的规定：国务院水行政主管部门在国务院的领导下，负责全国防洪的组织、协调、监督、指导等日常工作。国务院水行政主管部门在国家确定的重要江河、湖泊设立的流域管理机构，在所管辖的范围内行使法律、行政法规规定和国务院水行政主管部门授权的防洪协调和监督管理职责。国务院建设行政主管部门和其他有关部门在国务院的领导下，按照各自的职责，负责有关的防洪工作。县级以上地方人民政府水行政主管部门在本级人民政府的领导下，负责本行政区域内防洪的组织、协调、监督、指导等日常工作。县级以上地方人民政府建设行政主管部门和其他有关部门在本级人民政府的领导下，按照各自的职责，负责有关的防洪工作。

（二）防洪规划

《防洪法》关于防洪规划的规定共9条。主要内容包括：防洪规划的定义及分类；防洪规划与其他规划的关系；防洪规划的编制机关及审批程序；编制防洪规划的基本原则；防洪规划的内容；受风暴潮威胁的沿海地区的县级以上地方人民政府应当把防御风暴潮纳入本地区的防洪规划；山洪多发地区的县级以上地方人民政府应当组织有关部门采取防治措施；易涝地区的有关地方人民政府应当制定除涝治涝规划，采取治理措施；长江、黄河等六大江河入海河口整治规划的审批程序；防洪规划保留区制度及防洪规划同意书制度。

1. 防洪规划的定义、种类、作用

《防洪法》第九条规定：防洪规划是指为防治某一流域、河段或者区域的洪涝灾害而制定的总体部署，包括国家确定的重要江河、湖泊的流域防洪规划，其他江河、河段、湖泊的防洪规划以及区域防洪规划。防洪规划应当服从所在流域、区域的综合规划；区域防洪规划应当服从所在流域的流域防洪规划。防洪规划是江河、湖泊治理和防洪工程设施建设的基本依据。

2. 防洪规划的编制原则及内容

《防洪法》第十一条规定：编制防洪规划，应当遵循确保重点、兼顾一般，以及防汛和抗旱相结合、工程措施和非工程措施相结合的原则，充分考虑洪涝规律和上下游、左右岸的关系以及国民经济对防洪的要求，并与国土规划和土地利用总体规划相协调。防洪规划应当确定防护对象、治理目标和任务、防洪措施和实施方案，划定洪泛区、蓄滞洪区和防洪保护区的范围，规定蓄滞洪区的使用原则。

3. 山洪防治

《防洪法》第十三条规定：山洪可能诱发山体滑坡、崩塌和泥石流的地区以及其他山洪多发地区的县级以上地方人民政府，应当组织负责地质矿产管理工作的部门、水行政主管部门和其他有关部门对山体滑坡、崩塌和泥石流隐患进行全面调查，划定重点防治区，采取防治措施。城市、村镇和其他居民点以及工厂、矿山、铁路和公路干线的布局，应当避开山洪威胁；已经建在受山洪威胁的地方的，应当采取防御措施。

4. 防涝措施

《防洪法》第十四条规定：平原、洼地、水网圩区、山谷、盆地等易涝地区的有关地方人民政府，应当制定除涝治涝规划，组织有关部门、单位采取相应的治理措施，完善排水系统，发展耐涝农作物种类和品种，开展洪涝、干旱、盐碱综合治理。城市人民政府应当加强对城区排涝管网、泵站的建设和管理。

（三）治理与防护

《防洪法》关于治理与防护的法律规定共11条。主要内容包括：防治江河洪水的方法、策略；整治和修建控制引导河水流向、保护堤岸等工程应当遵循的原则以及规划治导线确定的程序;整治河道与其他事业之间的关系;河道、湖泊管理体制及管理范围的划定;禁止在河道、湖泊管理范围内从事某些有碍行洪的活动;禁止围湖造地、围垦河流;对居住在行洪河道内居民的外迁;护堤护岸林木的管理及采伐;如何处置壅水、阻水工程;建设工程设施应当符合防洪要求及河道内建设项目的审批制度;水行政主管部门对河道内的建设行使监督检查权。

1. 江河洪水的防治

《防洪法》第十八条中对江河洪水的防治规定:防治江河洪水,应当蓄泄兼施,充分发挥河道行洪能力和水库、洼淀、湖泊调蓄洪水的功能,加强河道防护,因地制宜地采取定期清淤疏浚等措施,保持行洪畅通。防治江河洪水,应当保护、扩大流域林草植被,涵养水源,加强流域水土保持综合治理。

2. 江河洪水的治理

《防洪法》第十九条规定:整治河道和修建控制引导河水流向、保护堤岸等工程,应当兼顾上下游、左右岸的关系,按照规划治导线实施,不得任意改变河水流向。国家确定的重要江河的规划治导线由流域管理机构拟定,报国务院水行政主管部门批准。其他江河、河段的规划治导线由县级以上地方人民政府水行政主管部门拟定,报本级人民政府批准;跨省、自治区、直辖市的江河、河段和省、自治区、直辖市之间的省界河道的规划治导线由有关流域管理机构组织江河、河段所在地的省、自治区、直辖市人民政府水行政主管部门拟定,经有关省、自治区、直辖市人民政府审查提出意见后,报国务院水行政主管部门批准。

(四)防洪区和防洪工程设施的管理

《防洪法》关于防洪区和防洪工程设施管理的规定共9条。主要内容包括:防洪区的分类及划定;防洪区内的土地实行分区管理;地方各级人民政府在防洪区安全与建设工作中的职责;洪泛区、蓄滞洪区内安全建设计划;有关扶持和补偿、救助制度及非防洪建设项目的洪水影响评价制度;防洪重点保护对象及保护要求;防洪工程设施的管理和保护措施;水库大坝的安全管理制度及防洪工程和设施、材料的保护措施等。

1. 防洪区的分类与划定

《防洪法》第二十九条规定:防洪区是指洪水泛滥可能淹及的地区,分为洪泛区、蓄滞洪区和防洪保护区。洪泛区是指尚无工程设施保护的洪水泛滥所及的地区。蓄滞洪区是指包括分洪口在内的河堤背水面以外临时贮存洪水的低洼地区及湖泊等。防洪保护区是指在防洪标准内受防洪工程设施保护的地区。洪泛区、蓄滞洪区和防洪保护区的范围,在防洪规划或者防御洪水方案中划定,并报请省级以上人民政府按照国务院规定的权限批准后予以公告。

2. 防洪工程设施管理与保护

《防洪法》第三十五条规定:属于国家所有的防洪工程设施,应当按照经批准的设计,在竣工验收前由县级以上人民政府按照国家规定,划定管理和保护范围。属于集体所有的防洪工程设施,应当按照省、自治区、直辖市人民政府的规定,划定保护范围。在防洪工程设施保护范围内,禁止进行爆破、打井、采石、取土等危害防洪工程设施安全的活动。

3.水库大坝安全管理

《防洪法》第三十六条规定:各级人民政府应当组织有关部门加强对水库大坝的定期检查和监督管理。对未达到设计洪水标准、抗震设防要求或者有严重质量缺陷的险坝,大坝主管部门应当组织有关单位采取除险加固措施,限期消除危险或者重建,有关人民政府应当优先安排所需资金。对可能出现垮坝的水库,应当事先制订应急抢险和居民临时撤离方案。各级人民政府和有关主管部门应当加强对尾矿坝的监督管理,采取措施,避免因洪水导致垮坝。

(五)防汛抗洪

《防洪法》关于防汛抗洪的规定共10条。主要内容包括:防汛抗洪工作的责任制度和职责分工;防汛指挥机构的设置、组成及职责;防御洪水方案的制定和地位;汛期起止日期的确定及紧急防汛期的宣布;防汛指挥机构有关行政措施的授权;汛期内有关部门和单位的职责与任务;汛期内水库等水工程设施的使用和调度;紧急防汛期内防汛指挥机构采取有关紧急措施的职权;国务院、省级人民政府及其防汛指挥机构启用蓄滞洪区的权限;发生洪涝灾害后,有关人民政府对救灾工作和水毁工程设施修复的职责等。

1.防汛抗洪工作的责任制度和职责分工

《防洪法》第三十八条规定:防汛抗洪工作实行各级人民政府行政首长负责制,统一指挥、分级分部门负责。

1)防汛抗洪工作的责任制度

实行防汛抗洪工作首长负责制,即各级人民政府行政首长对本地区的防汛抗洪工作负责,在防洪过程中,负责组织、指挥和领导。防汛抗洪工作的行政首长负责制,并不是仅适用于汛期,而是一种常年的工作制度。

2)防汛抗洪工作的责任分工

防汛抗洪工作实行分级、分部门负责制。分级负责是我国行政管理工作的一项基本制度,防汛抗洪工作实行分级负责,符合防汛抗洪工作的实际需要,也是适应行政管理工作的需要。各级人民政府根据分级负责制的要求,应当加强对防汛抗洪工作的领导,采取措施,做好防汛抗洪工作,确保防洪安全,减轻洪水灾害造成的损失。各有关部门在本级人民政府的领导下,服从本级人民政府防汛指挥机构的统一指挥,按照统一部署,根据分工,各司其职,各负其责,密切配合,切实履行本部门的职责。

目前,国家防汛抗洪分部门负责制度所涉及的部门主要有:计划部门,负责协调安排防洪建设、修复水毁工程的资金和计划内物资;经济综合管理部门,负责协调安排抗洪救灾资金和物资;水利部门,负责防洪工程的管理,提供雨情、水情、洪水预报,负责所辖防洪工程的运行安全,组织防洪抢险及水毁防洪工程的修复工作;公安部门,负责维护防汛抢险秩序和灾区社会治安工作,协助组织群众撤离和转移,打击犯罪活动,做好防汛抗洪的治安保卫工作;民政部门,负责灾民的生活救济工作;财政部门,负责防汛经费的及时下拨和监督使用;电力部门,负责所辖水电站的运行安全和防汛指挥机构防洪调度命令的实施,保障电力供应;交通部门,负责所辖交通设施的防洪安全,督促船舶航行服从防洪安全要求,配合水利部门做好汛期通航河道的堤岸保护,优先运送防汛抢险人员和物资、设备等。

2. 防汛指挥机构

关于防汛指挥机构的设置、组成及职责的规定,《防洪法》第三十九条内容为:国务院设立国家防汛指挥机构,负责领导、组织全国的防汛抗洪工作,其办事机构设在国务院水行政主管部门。在国家确定的重要江河、湖泊可以设立由有关省、自治区、直辖市人民政府和该江河、湖泊的流域管理机构负责人等组成的防汛指挥机构,指挥所管辖范围内的防汛抗洪工作,其办事机构设在流域管理机构。有防汛抗洪任务的县级以上地方人民政府设立由有关部门、当地驻军、人民武装部负责人等组成的防汛指挥机构,在上级防汛指挥机构和本级人民政府的领导下,指挥本地区的防汛抗洪工作,其办事机构设在同级水行政主管部门;必要时,经城市人民政府决定,防汛指挥机构也可以在建设行政主管部门设城市市区办事机构,在防汛指挥机构的统一领导下,负责城市市区的防汛抗洪日常工作。

3. 汛期与紧急防汛期

1)汛期与紧急防汛期的确定

《防洪法》第四十一条规定:省、自治区、直辖市人民政府防汛指挥机构根据当地的洪水规律,规定汛期起止日期。当江河、湖泊的水情接近保证水位或者安全流量,水库水位接近设计洪水位,或者防洪工程设施发生重大险情时,有关县级以上人民政府防汛指挥机构可以宣布进入紧急防汛期。

2)汛期有关部门及单位的职责和任务

《防洪法》第四十三条规定:在汛期,气象、水文、海洋等有关部门应当按照各自的职责,及时向有关防汛指挥机构提供天气、水文等实时信息和风暴潮预报;电信部门应当优先提供防汛抗洪通信的服务;运输、电力、物资材料供应等有关部门应当优先为防汛抗洪服务。中国人民解放军、中国人民武装警察部队和民兵应当执行国家赋予的抗洪抢险任务。

3)汛期水工程设施运用的规定

《防洪法》第四十四条规定:在汛期,水库、闸坝和其他水工程设施的运用,必须服从有关的防汛指挥机构的调度指挥和监督。在汛期,水库不得擅自在汛期限制水位以上蓄水,其汛期限制水位以上的防洪库容的运用,必须服从防汛指挥机构的调度指挥和监督;在凌汛期,有防凌汛任务的江河的上游水库的下泄水量必须征得有关的防汛指挥机构的同意,并接受其监督。

4)紧急防汛期中的紧急应急措施

《防洪法》第四十五条规定:在紧急防汛期,防汛指挥机构根据防汛抗洪的需要,有权在其管辖范围内调用物资、设备、交通运输工具和人力,决定采取取土占地、砍伐林木、清除阻水障碍物和其他必要的紧急措施;必要时,公安、交通等有关部门按照防汛指挥机构的决定,依法实施陆地水面交通管制。

依照前款规定调用的物资、设备、交通运输工具等,在汛期结束后应当及时归还;造成损坏或者无法归还的,按照国务院有关规定给予适当补偿或者作其他处理。取土占地、砍伐林木的,在汛期结束后依法向有关部门补办手续;有关地方人民政府对取土后的土地组织复垦,对砍伐的林木组织补种。

(六)保障措施

防洪工作作为一项社会性的公益事业,不以营利为目的,需要大量的投入。无论是江河、湖泊的治理,防洪工程的建设,还是水毁防洪工程的修复,抗洪抢险的顺利进行,都需要有坚实的经济支持才能做到。因此,《防洪法》专门设立了保障措施一章,对防洪工作所涉及的投入保障措施作了规定,以保证防洪事业的稳步发展。《防洪法》的保障措施共6条,分别就人民政府在防洪投入方面的责任、中央和地方在防洪投入范围上的划分、防洪工程建设维护资金的筹集、企事业单位和农村居民在防洪投入方面的义务等作了明确的规定,相关条款如下。

第四十八条:各级人民政府应当采取措施,提高防洪投入的总体水平。

第四十九条:江河、湖泊的治理和防洪工程设施的建设和维护所需投资,按照事权和财权相统一的原则,分级负责,由中央和地方财政承担。城市防洪工程设施的建设和维护所需投资,由城市人民政府承担。

受洪水威胁地区的油田、管道、铁路、公路、矿山、电力、电信等企业、事业单位应当自筹资金,兴建必要的防洪自保工程。

第五十条:中央财政应当安排资金,用于国家确定的重要江河、湖泊的堤坝遭受特大洪涝灾害时的抗洪抢险和水毁防洪工程修复。省、自治区、直辖市人民政府应当在本级财政预算中安排资金,用于本行政区域内遭受特大洪涝灾害地区的抗洪抢险和水毁防洪工程修复。

第五十一条:国家设立水利建设基金,用于防洪工程和水利工程的维护和建设。具体办法由国务院规定。

受洪水威胁的省、自治区、直辖市为加强本行政区域内防洪工程设施建设,提高防御洪水能力,按照国务院的有关规定,可以规定在防洪保护区范围内征收河道工程修建维护管理费。

第五十二条:有防洪任务的地方各级人民政府应当根据国务院的有关规定,安排一定比例的农村义务工和劳动积累工,用于防洪工程设施的建设、维护。

第五十三条:任何单位和个人不得截留、挪用防洪、救灾资金和物资。

各级人民政府审计机关应当加强对防洪、救灾资金使用情况的审计监督。

(七)法律责任

《防洪法》就防洪规划、治理与防护、防洪区和防洪工程设施的管理、防汛抗洪、保障等与防洪工作联系紧密的问题作了规定,设立了一系列的法律制度,目的就在于防御与减轻洪涝灾害,维护人民的生命和财产安全,保障社会主义现代化建设顺利进行。为了确保这些制度得到实施,必须对违反这些制度的行为进行处罚。

第七章　水利工程

第一节　中国古代水利工程

水利是农业的命脉。几千年来，勤劳、勇敢、智慧的中国人民同江河湖海进行了艰苦卓绝的斗争，修建了无数大大小小的水利工程，有力地促进了农业生产。我国古代有不少闻名世界的水利工程，这些工程不仅规模巨大，而且设计水平也很高。如芍陂、都江堰、漳河渠、郑国渠并称为中国古代四大水利工程。

一、芍陂

芍陂是我国古代淮河流域水利工程，又称安丰塘，位于今安徽寿县南（见图7-1）。芍陂引淠入白芍亭东成湖，东汉至唐可灌田万顷。隋唐时属安丰县境，后萎废。1949年后经过整治，现蓄水约7 300万 m^3，灌溉面积4.2万 hm^2。

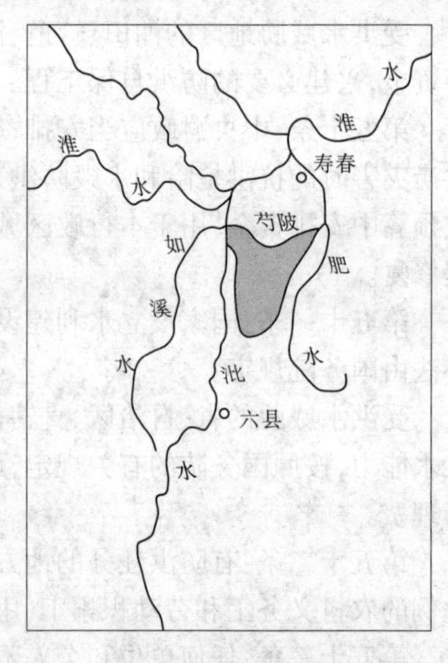

图7-1　芍陂水系示意图

春秋时期楚庄王十六年至二十三年（公元前598年～前591年）由孙叔敖创建（另一说为战国时楚子思所建），迄今2 500多年一直发挥不同程度的灌溉效益。

芍陂因水流经过芍亭而得名。工程在安丰城（今安徽省寿县境内）附近，位于大别山的北麓余脉，东、南、西三面地势较高，北面地势低洼，向淮河倾斜。每逢夏秋雨季，山洪暴发，形成涝灾；雨少时又常常出现旱灾。当时这里是楚国北疆的农业区，粮食生产的好坏，与当地的军需民用关系极大。孙叔敖根据当地的地形特点，组织当地人民修建工程，将东面的积石山、东南面的龙池山和西面的六安龙穴山流下来的溪水汇集于低洼的芍陂之中，并修建五个水门，以石质闸门控制水量，“水涨则开门以疏之，水消则闭门以蓄之”，不仅天旱有水灌田，又避免水多洪涝成灾。后来又在西南开了一道子午渠，上通淠河，扩大芍陂的灌溉水源，使芍陂达到“灌田万顷”的规模。

芍陂建成后，安丰一带每年都生产出大量的粮食，并很快成为楚国的经济要地，使楚国更加强大，打败了当时实力雄厚的晋国军队，楚庄王也一跃成为“春秋五霸”之一。300多年后，楚考烈王二十二年（公元前241年），楚国被秦国打败，考烈王便把都城迁到这里，并把寿春改名为郢。这固然是出于军事上的需要，也是由于水利奠定了这里重要的经济地位。芍陂经过历代的整治，一直产生着巨大效益。东晋时因灌区连年丰收，遂改名为

"安丰塘"。如今芍陂已经成为淠史杭灌区的重要组成部分,灌溉面积达到60余万亩,并有防洪、除涝、水产、航运等综合效益。为感戴孙叔敖的恩德,后代在芍陂等地建祠立碑,称颂和纪念他的历史功绩。

中华人民共和国成立后,对芍陂进行了综合治理,开挖淠东干渠,沟通了淠河总干渠。芍陂成为淠史杭灌区的调节水库,灌溉效益有很大提高。1988 年 1 月国务院确定安丰塘(芍陂)为全国重点文物保护单位。

二、都江堰水利工程

都江堰水利工程位于四川成都平原西部都江堰市西侧的岷江上,距成都 56 km,建于公元前 256 年,是战国时期秦国蜀郡太守李冰率众修建的一座大型水利工程,是现存的最古老且依旧在灌溉田畴、造福人民的伟大水利工程。

都江堰水利工程是全世界至今为止,年代最久、唯一留存、以无坝引水为特征的宏大水利工程。这项工程主要由鱼嘴分水堤、飞沙堰溢洪道、宝瓶口进水口三大部分和百丈堤、人字堤等附属工程构成(见图 7-2),科学地解决了江水自动分流(鱼嘴分水堤四六分水)、自动排沙(鱼嘴分水堤二八分沙)、控制进水流量(宝瓶口与飞沙堰)等问题,消除了水患,使川西平原成为"水旱从人"的"天府之国"。1998 年灌溉面积达到 66.87 万 hm^2,灌溉地区已达 40 余县。人们为了纪念李冰父子,建了一座李冰父子庙,称为二王庙。

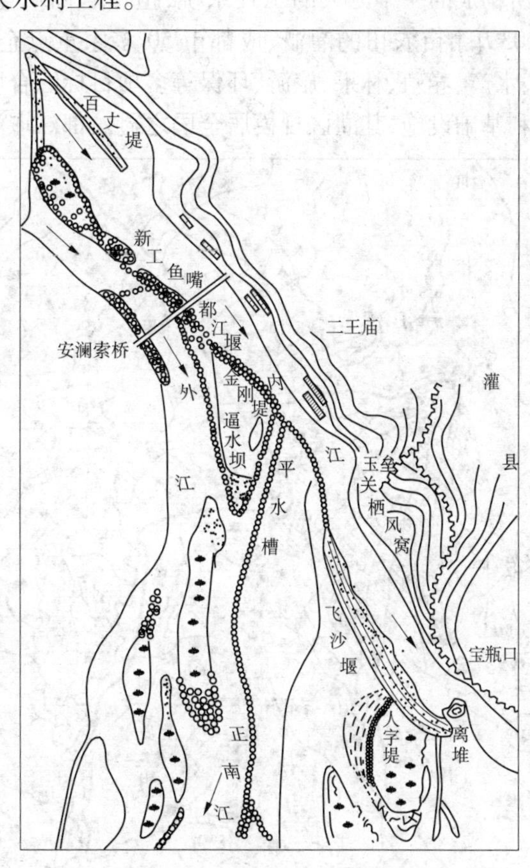

图 7-2　都江堰渠道枢纽平面布置图(1931 年)

都江堰渠首枢纽主要由鱼嘴、飞沙堰、宝瓶口三大主体工程构成。三者有机配合,相互制约,协调运行,引水灌田,分洪减灾,具有"分四六,平潦旱"的功效。

鱼嘴是都江堰的分水工程,因其形如鱼嘴而得名,位于岷江江心,把岷江分成内、外二江。西边叫外江,俗称"金马河",是岷江正流,主要用于排洪;东边沿山脚的叫内江,是人工引水渠道,主要用于灌溉。

泄洪道具有泄洪排沙的显著功能,故又叫它飞沙堰。飞沙堰是都江堰水利工程三大件之一,看上去十分平凡,其实它的功用非常之大,可以说是确保成都平原不受水灾的关键要害。飞沙堰的作用主要是当内江的水量超过宝瓶口流量上限时,多余的水便从飞沙堰自行溢出；如遇特大洪水的非常情况，它还会自行溃堤，让大量江水回归岷江正流。另一作用是"飞沙"，岷江从万山丛中急驰而来，挟着大量泥沙、石块，如果让它们顺内江而下，就会淤塞宝瓶口和灌区。古时飞沙堰，是用竹笼卵石堆砌的临时工程；如今已改用混凝土浇筑，以保一劳永逸的功效。

宝瓶口起"节制闸"作用，能自动控制内江进水量，是前山（今名灌口山、玉垒山）伸向岷江的长脊上凿开的一个口子，是人工凿成控制内江进水的咽喉，因它形似瓶口而功能奇特，故名宝瓶口。留在宝瓶口右边的山丘，因与其山体相离，故名离堆。离堆在开凿宝瓶口以前，是湔山虎头岩的一部分。由于宝瓶口自然景观瑰丽，有"离堆锁峡"之称，属历史上著名的"灌阳十景"之一。

都江堰是由渠首枢纽、灌区各级引水渠道，各类工程建筑物和大、中、小型水库及塘堰等所构成的一个庞大的工程系统，担负着四川盆地中西部地区 7 市（地）36 县（市、区）1 003万余亩农田的灌溉、成都市 50 多家重点企业和城市生活供水，以及防洪、发电、漂水、水产、养殖、林果、旅游、环保等多项目标综合服务，是四川省国民经济发展不可替代的水利基础设施，其灌区规模居全国之冠。都江堰灌区见图 7-3。

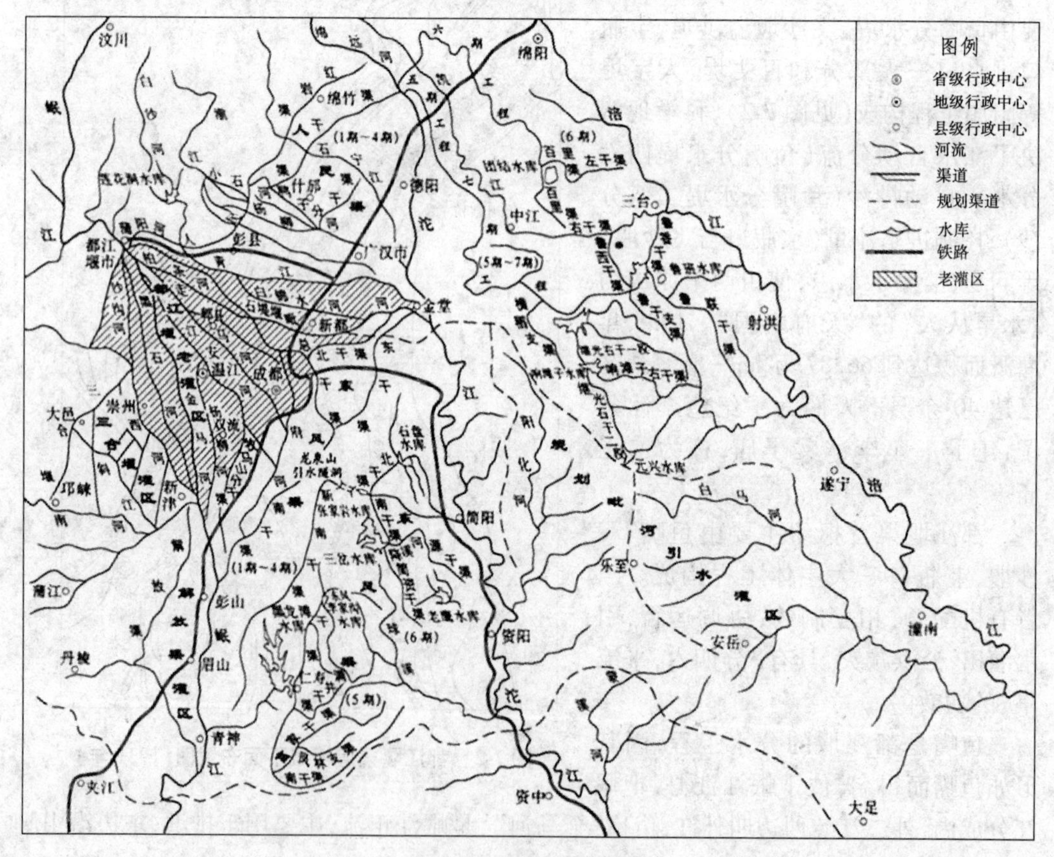

图 7-3　都江堰灌区图

都江堰不仅是中国古代水利工程技术的伟大奇迹，也是世界水利工程的璀璨明珠。最伟大之处是建堰 2 250 多年来经久不衰，而且产生着愈来愈大的效益。都江堰的创建，以不破坏自然资源，充分利用自然资源为人类服务为前提，变害为利，使人、地、水三者高度协调统一，开创了中国古代水利史上的新纪元，在世界水利史上写下了光辉的一章。都江堰水利工程，是中国古代人民智慧的结晶，是中华文化的杰作。

三、郑国渠

郑国渠是最早在陕西关中建设的大型水利工程，战国末年秦国穿凿，公元前246年(秦始皇元年)由韩国水工郑国主持兴建，约10年后完工，位于今陕西省泾阳县西北25 km的泾河北岸。泾河从陕西北部群山中冲出，流至礼泉就进入关中平原。关中平原东西数百千米，南北数十千米。关中平原的地形特点是西北略高，东南略低。郑国渠充分利用这一有利地形，在礼泉县东北的谷口开始修干渠，使干渠沿北面山脚向东伸展，很自然地把干渠分布在灌溉区最高地带，不仅最大限度地控制灌溉面积，而且形成了全部自流灌溉系统，可灌田4万余 hm^2。郑国渠开凿以来，由于泥沙淤积，干渠首部逐渐填高，水流不能入渠，历代以来在谷口地方不断改变河水入渠处，但谷口以下的干渠渠道始终不变。

郑国渠不仅仅在于它产生灌溉效益的100余年，而且还在于首开了引泾灌溉之先河，对后世引泾灌溉产生着深远的影响。秦以后，历代继续在这里完善水利设施，先后历经汉代的白公渠、唐代的三白渠、宋代的丰利渠、元代的王御史渠、明代的广惠渠和通济渠、清代的龙洞渠等历代渠道。汉代有民谣："田淤何所？池阳、谷口。郑国在前，白渠起后。举锸为云，决渠为雨。泾水一石，其泥数斗，且溉且粪，长我禾黍。衣食京师，亿万之口。"称颂的就是引泾工程。1929年陕西关中发生大旱，三年六料不收，饿殍遍野。引泾灌溉，急若燃眉。中国近代著名水利专家李仪祉先生临危受命，毅然决然地挑起在郑国渠遗址上修泾惠渠的千秋重任。在他本人的亲自主持下，此渠于1930年12月破土动工，数千民工辛劳苦干，历时近两年，终于修成了如今的泾惠渠。1932年6月放水灌田，引水量16 m^3/s，可灌溉60万亩土地，至此开始继续造福百姓。

新中国成立以来，按照边运用、边改善、边发展的原则，对新老渠系进行了3次规模较大的改善调整与挖潜扩灌。1949～1966年为第一阶段，1966～1983年为第二阶段，20世纪80年代后至1995年为第三阶段。为继续解决灌区工程老化失修、效益衰减问题，1989年泾惠渠被列入关中三大灌区改造工程之一，开展了以更新改造、完善配套和方田建设为主要内容的灌区建设，共安排8项工程和方田38.7万亩。主要项目有：渠首加坝加闸和除险加固，总干渠险工段整治与石渠坡脚砌护，南干渠改善，干、支、斗渠衬砌与翻修，重点建筑物加固改造，排水干沟整修以及通信线路更新改造等，完成工程投资1 571万元，建成渠、井、电、路、树相配套的方田面积41.8万亩，至1993年完成项目任务，1995年8月通过竣工验收。1995年，渠首引水能力为50 m^3/s。全灌区共有干渠5条，长80.42 km，已衬砌67 km；支渠20条，长297.49 km，已衬砌78 km；斗渠527条，长1 206 km，已衬砌630 km；配套机井1.4万眼；抽水站22处，装机容量1 824 kW；设计、有效灌溉面积分别为134.04万亩(其中抽水灌溉面积37.2万亩)和125.99万亩。

郑国渠自秦国开凿以来，历经各个朝代的建设，先后有白渠、郑白渠、丰利渠、王御使渠、广惠渠、泾惠渠，至今造福当地。引泾渠首除历代故渠外，还有大量的碑刻文献，堪称蕴藏丰富的中国水利断代史博物馆，现已被列为国家级文物保护单位。郑国渠遗址历来享有中国水利史“天然博物馆”的盛誉。它的发现,对于研究中国古代水利方面的成就具有重要意义。

四、灵渠

灵渠在今广西壮族自治区兴安县境内,也叫兴安运河或湘桂运河,由于是在秦代开凿的,又叫秦凿河。秦统一六国后,为了进一步完成统一局面,在北击匈奴的同时,又南征岭南。公元前219年,秦始皇出巡到湘江上游,他根据当时需要解决南征部队的粮饷运输问题,作出了使监(御史)禄(人名,一名史禄)凿渠运粮(《史记·主父偃传》)的决定。在杰出的水利学家史禄的领导下,秦朝军士和当地人民一起,付出了艰苦劳动,劈山削崖,筑堤开渠,把湘水引入漓江,终于修成了这条运河。这条运河成了打开南北水路交通的要道。

中国长江流域与珠江流域之间,隔着巍巍的五岭山脉,陆路往来已很难,水运更是无路可通。但是,长江支流的湘江上源与珠江支流的上源,恰好同处于广西兴安县境内,而且近处相距只1.5 km许,中间的低矮山梁,也高不过30 m,宽不过500 m。灵渠的设计者就是利用这个地理条件,凿出一条水道,引湘江入漓江,婉蜒行进于起伏的丘陵间,联结起分流南北的湘江、漓江,沟通了长江水系与珠江水系。

灵渠长30多km,宽约5 m,主要分大小天平、铧嘴、南北渠、泄水天平、陡门五个部分。大小天平呈人字形,是建于湘江上的拦河滚水坝。大天平长344 m,小天平长130 m。坝高2~2.4 m,宽17~23 m。汛期洪水可从坝面流入湘江故道,平时可使渠水保持1.5 m左右深度。因其能平衡水位,故称天平。铧嘴筑在分水塘中、大小天平之前,形如犁铧,使湘水“三七分派”,即七分水经北渠注入湘江,三分水入南渠流进漓江。铧嘴还可起缓冲水势、保护大坝的作用。南北渠是沟通湘、漓二水的通道,全长36.4 km,平均宽10余m,平均深1.5 m左右。泄水天平建于渠道上,南渠二处,北渠一处,可补大小天平之不足,在渠道内二次泄洪,以保渠堤和兴安县城安全。南北渠各建多处陡门(亦称闸门),通过启闭,调节渠内水位,保证船只正常通航。1963年3月,郭沫若视察灵渠,曾称赞道:“秦始皇三十三年史禄所凿灵渠,斩山通道,连接长江、珠江水系,两千余年前有此,诚足与长城南相呼应,同为世界之奇观。”

灵渠全长虽然不到40 km,是一条小型运河,但因为它沟通了长江、珠江两大水系,其地位却十分重要。它不仅在秦代,而且在以后2 000多年中,都是内地和岭南的主要交通孔道,对促进两地经济文化的交流,对加快岭南的开发,意义都非常重大。

1936年和1941年,粤汉铁路和湘桂铁路相继建成,灵渠才让位于现代化交通工具。它在1956年最后停运,改作农田灌溉和城市供水工程,并成为桂林地区重要的名胜古迹,供人观赏。

五、京杭大运河

京杭大运河始建于元,完善于明,到清代,仍然是南北交通最重要的干线。它北起全国政治中心大都(今北京市),南到太湖流域的杭州。太湖流域是元、明、清三代全国经济、文化最发达的地区。这条运河将全国政治中心和经济文化最发达的地区结合在一起,沟通了海河、黄河、淮河、长江、钱塘江五大水系,对促进南北经济文化的繁荣,加强国家的统一,都有巨大的作用。

(一)济州河和会通河的开凿

自宋代起,太湖流域便成为我国最重要的产粮区,有“苏湖熟,天下足”的说法。元代以大都为都,都城官兵、百姓众多,粮食的消耗量极大,每年需要调入外粮200多万石。太湖流域成了大都用粮的主要供应地。

起初,南粮北运,元政府采用双管齐下的办法进行。一条渠道是海运。粮船从江苏太仓刘家港起锚,出长江口沿海岸北上,绕过山东半岛,驶入渤海湾,傍岸到直沽(今天津市),然后再循白河(今北运河)达通州(今北京市通县)。海运有运量大、节省人力和费用的优点,但海难较多,常有船舶漂失,不及河运安全。另一条渠道是河运。将江南粮食装船,沿江南运河、淮扬运河(扬楚运河)、黄河、御河(卫河,相当于永济渠中段)、白河抵通州。这条运道问题较多。黄河为西东走向,北上粮船须向西绕到河南封丘,航程很远;从封丘到御河,还有100多km,无水道可以利用,必须改成车运,道路泥泞,车行困难。

元代统治者迫切需要有一条径直而安全的水道,从大都直达江南。为实现这一愿望,关键问题是山东地区能否穿凿运河,只要在这里凿出一条渠道,南北直运问题便可迎刃而解。忽必烈派杰出的水利名家郭守敬深入当地调查,得出肯定的答案后,便在至元十九年(公元1282年),委派兵部尚书奥鲁赤组织人力,在济州(今济宁市)境内施工,第二年完成,这便是济州河。它南起济州鲁桥,北到须城(治所在今东平县)安山,长75 km左右。这里地处鲁中山地西缘,与其南北相比,地势稍高。建设这条运河,解决水源问题和比降问题,都是工程的重点和难点。

汶水和泗水是运河附近两条稍大一点的河道,都发源于鲁中山地。前者向西向北流,是大清河的上源。后者向西向南流,是淮水的支流。两者之间,还有一条小水叫洸水,其流域地势又比汶、泗略高。于是,建设者们分别在汶、泗上游各建一座拦河坝,将汶、泗两水集中于洸水,沿洸水河道至任城(在今济宁市境)进入新开的济州河。济州河一部分水南流,回到泗水故道,下通淮水;一部分水北流,回到汶水故道,汶水下通大清河。济州河的穿凿,沟通了淮水和大清河。汶、泗两水,雨季、旱季水量的差异较大,为了以丰补歉,保证济州河常年都有一定的水量,建设者们又于河旁修筑一些水柜,进行调剂。

由于济州河位于鲁中山地西缘,比南面的泗水河道和北面的汶水河道都高,因此南北河床的纵比降都偏大。比降偏大,不仅航行困难,而且河水也容易流失。济州河本来水源不足,过多的河水流失,便会导致断航。为了解决这个问题,建设者们在比降较大的河段上,修建了一批闸门,无船时,闭闸保水,来船时,开闸通航。

大清河原是古济水的下游,它下注渤海。这样,南来漕船便可循泗水、济州河、大清河、渤海、白河,直达通州了。不过,大清河也不是一条理想的水道,除其本身水量不足外,又有潮水顶托和河口多沙等问题,漕船常常受阻。人们认为,南北之间内河航运还有进一步改进的必要,于是,又有会通河工程的兴起。

首先建议穿凿这条运河的是寿张(治所在今山东梁山县西北)县尹韩仲晖和太史院史边源。经朝廷派人深入现场调查,确认切实可行后,命江淮行省断事官忙速儿、礼部尚书张孔孙、兵部郎中李处选负责施工,征丁夫三万人服役。元至元二十六年(公元1289年)开工,南起须城安山,接济州河,北到临清,与卫河汇合,长约125 km。行船的渠道工程，当年凿成，解决比降、保水等问题的坝闸，则在以后陆续完工。这段新凿的运道，初名安山渠，后来，因为它是条“古所未有”的“通江淮之运”的水道，南粮可以直达京郊，忽必烈十分高兴，正式赐名为“会通河”。

鲁西一带地势高于南面的江苏和北面的河北，是南北大运河的河脊，水源又比较短缺，工程十分复杂，但人们还是千方百计地建成济州、会通两河，使南北水运联成一线，在我国运河史上具有划时代的意义。当时两河虽然因为技术上的原因，还不能通航较大的船舶，因而也没有取代海运，成为南北漕运的主要渠道，但它却为明代完成这一任务奠定了基础。

（二）坝河和通惠河疏浚

元代大都一带的对外水上交通，古已有之。隋代有永济渠。不过，永济渠的北段主要由桑干水改造而成。桑干水的河道摆动频繁，历史上又有无定河之名，清代康熙帝期望它不再改道，才命名为永定河。唐代的某个时候（史文没有记下具体年代），由于桑干水的改道，永济渠已经通不到涿郡了。金代，中都（今北京市）有一条名叫“闸河”的人工河道，由都城东到潞河，可以漕粮。金后期，迫于蒙古汗国的威胁，迁都洛阳，闸河逐渐淤塞。

元代初年，为了解决大都—通州间的粮运问题，在至元十六年（公元 1279 年），采纳郭守敬的建议，在旧水道的基础上，拓建成一条重要的运粮渠道，叫阜通河。阜通河以玉泉水为主要水源，向东引入大都，注于积水潭。再从潭的北侧导出，向东从光熙门南面出城，接通州境内的温榆河。温榆河下通白河（北运河）。玉泉水的水量太少，必须严防泄水。运河河道比降太大，沿河必须设闸调整。为了上述两个目的，郭守敬于 20 多 km 长的运河沿线，修建了七座水坝，人称“阜通七坝”。阜通七坝闻名大都，民间则称这条运河为坝河。坝河的年运输能力为 100 万石上下，在元代，它与稍后修建的通惠河，共同承担由通州运粮进京的任务。

元代初年，在大都除凿坝河外，还凿了一条名叫金口河的运道。金口河初开于金，后来堵塞。元代在郭守敬主持下，于至元三年（公元 1266 年）重开。它以桑干水为水源，从麻峪村（在今石景山区）附近引水东流，经大都城南面，到通州东南的李二村与潞河汇合。这是一条从营建大都的需要出发，以输送西山木石等建筑材料为主的水道。由于金口河的比降更大，水流湍急，河岸常被冲塌；又由于桑干水泛滥时有可能循金口河东下，危及大都的安全，后来郭守敬又将它堵塞。

起初，元代南粮运输入都，虽然实行海运、河运并举，由于海运属初创，船小道远，运量不算太大；而河运又有黄河、御河间一段陆运的限制，运量很少。两路运到通州的粮食总计才 100 多万石，由通州转运入京的任务，坝河基本上可以承担。但后来，因为海运不断改进，采用可装万石的巨舶运粮，也摸索出比较径直的海道，再加上济州、会通两河的穿凿，漕粮的数量又逐步增加。这样，大都、通州之间，仅靠坝河转运，就比较困难了，于是有第二条水运粮道通惠河的穿凿。

至元二十九年（公元 1292 年），新河工程正式开工，以都水监郭守敬主其事。开拓水源是兴建这条运河的关键。郭守敬通过实地勘察，知道大都西北山麓，山溪泉水很多，只要将它们汇集起来，新河的水源问题便可基本解决。于是，他从昌平县的白浮村起，沿山麓、按地势向南穿渠。它大致与今天的京密水渠并行，沿途拦截神山泉（白浮泉）、双塔河、榆河、一亩泉、玉泉等,汇集于瓮山泊(昆明湖)。瓮山泊以下,利用玉河(南长河)河道,从和义门(今西直门)北面入城,注于积水潭。以上这两段水道是新河的集水和引水渠道。瓮山泊和积水潭是新河的水柜。集水渠和水柜为新河提供了比较稳定的水量。

积水潭以下为航道,它的径行路线为,从潭东曲折斜行到皇城东北角,再折而南下,沿皇城根径直出南城,沿金代的闸河故道向东,到高丽庄(通县张家湾西北)附近,与白河汇合。从大都到通县一段,为了克服河床比降太大和防止河水流失,修建了11组复闸,有坝闸24座,并且派遣闸夫、军户管理。这些坝闸,起初为非永久性工程,用木料制作,后来改成永久性的砖石结构。

由引水段和航运段组成的这条新河共长80多km。经过一年多的施工,主体工程建成。它被忽必烈命名为通惠河。通惠河的建成,使大都的粮运问题基本解决。积水潭成为重要的港口,"舳舻蔽水",盛况空前。

(三)会通河的治理

起初会通河的范围较小,仅指临清—须城(东平)间的一段运道。后来范围扩大,明代将临清会通镇以南到徐州茶城(或夏镇)以北的一段运河,都称会通河。会通河是南北大运河的关键河段。明洪武二十四年(公元1391年),黄河在原武(河南原阳西北)决口,洪水挟泥沙滚滚北上,会通河1/3的河段被毁。大运河中断,从运河漕粮北上被阻。

永乐元年(公元1403年),定北平为北京,准备将都城北迁。永乐帝鉴于海运安全没有保证,为解决迁都后的北京用粮问题,决定重开会通河。永乐九年(公元1411年),他命工部尚书宋礼负责施工,征发山东、徐州、应天(南京)、镇江等地30万民夫服役。主要工程为改进分水枢纽、疏浚运道、整顿坝闸、增建水柜等。其中有些工程在当年即告完成。

改进分水枢纽。元代的济州河,以汶、泗为水源,先将两水引到任城,然后进行南北分流。由于任城不是济州河的最高点,真正的最高点在其北面的南旺,因此任城分水,南流偏多,北流偏少。结果,济州河的北段,河道浅涩,只通小舟,不通大船。分水枢纽选址失当,是元代南北大运河没有发挥更大作用的主要原因。宋礼这次治运河,对它作了初步改进。他除维持原来的分水工程外,又采纳熟悉当地地形的汶上老人白英的建议,在戴村附近的汶水河床上,筑了一条新坝,将汶水余水拦引到南旺,注入济州河。济州河北段随着水量的增多,通航能力也就大幅度地提高了。

几十年后,人们对这一分水工程又作了比较彻底的改进,即完全放弃元代的分水设施,将较为丰富的汶水全部引到南旺分流,并在这里的河床上建南北两坝闸,以便更有效地控制水量。大体上说为三七开,南流三分,南会泗水,北流七分,注入御河。人们戏称:"七分朝天子,三分下江南。"

疏浚运道。可分两个部分。一是将被黄河洪水冲毁的一段运道,改地重新开凿出来。旧道由安山湖西面北注卫河,新道改从安山湖东面北注卫河。改道到湖东,黄河泛滥时,有湖泊容纳洪水,可以提高这段水道的安全程度。又因为这里的地势西高东低,运道建于湖东,便于引湖水补充运河水量。二是展宽浚深会通河的其他河道。一般来说,要将它挖深到4.3 m,拓宽到10.7 m。这样,即便是载重量稍大的粮船,也可顺利通过。

整顿坝闸。南旺湖北至临清150 km,地降30 m;南至镇口(徐州对岸)145 km,地降38.7 m。会通河南北的比降都很大。为了克服河道比降过大给航运造成的困难,元代曾在河道上建成31座坝闸。这次明代除修复元代的旧坝闸外，又建成7座新坝闸，使坝闸的配置更为完善，进一步改进了通航条件。由于会通河上坝闸林立，因此明人又称这段运粮河为“闸漕”。

除上述工程外，为了更好地调剂会通河的水量，宋礼等人“又于汶上、东平、济宁、沛县并湖地”，设置了新的水柜。

经过明代初年的大力治理，会通河的通航能力大大提高，漕船载粮的限额，每船由元代的150斗，提高到明代的400斗；年平均运粮至京的数量，由以前的几十万石，猛增到几百万石。明初成功地重开会通河，加强了永乐帝迁都北京的决心，并宣布停止取道海上运输南粮。

(四)穿淮北新河

自南宋初年，杜充决黄河阻金兵南下起，黄河下游南迁，循泗、淮水道入海。元、明两代的南北大运河，从徐州茶城到淮安一段，便利用河淮水道作为运道，人称“河运合槽”或“河淮运合槽”。它长约250 km。黄、淮水量丰富，在一般情况下，运道无缺水之患。但黄河多沙，汛期又多洪灾，也严重威胁航运。人们认为黄河对于运河，既有大利，也有大害，有“利运道者莫大于黄河，害运道者亦莫大于黄河”的说法。但自元、明以来，黄河下游由于南迁日久，河床泥沙淤积与日俱增，决口频仍，对于运河，发展到了害大于利的地步。于是，从明代中后期到清初，人们竭力设法变“河运合槽”为“河运分立”，在淮北地区，陆续穿凿了一批运河新道，甚至将会通河南段的部分运道也予以放弃。

最早在淮北开的一条新河叫夏镇新河。明嘉靖五年(公元1526年)，黄河在鲁西曹县、单县等地决口，冲毁了昭阳湖以西一段运河。南北漕运被阻，明代遂决定穿凿新河。嘉靖七年(公元1528年)，以盛应期为总河都御史，征集近10万夫役穿凿。工程过半，由于盛氏督工太急，怨声四起，又值大旱成灾，为防止爆发变乱，中途停工，只好草率修复旧道，勉强通航。嘉靖四十四年(公元1565年)，黄河又在江苏丰县、沛县决口，昭阳湖以西一段运道堵塞更甚。第二年，遂再度兴工，穿凿新河，由工部尚书朱衡主持，嘉靖四十六年(公元1567年)完工。这段新河，北起南阳湖南面的南阳镇，经夏镇(今微山县治所)到留城(已陷入微山湖中)，长70 km，史称夏镇新河或南阳新河。旧河在昭阳湖西，原属会通河南段，易受黄河泛滥冲击。新河在湖东，有湖泊可容纳黄河来水，比较安全。

继夏镇新河之后开的另一条新河叫泇运河。明隆庆三年(公元1569年)，黄河决沛县，徐州以北运道被堵，粮船2000多艘阻于邳州(治所在今睢宁西北)。开泇河的建议遂提出，但未被朝廷采纳。几十年后，黄河在山东西南和江苏西北一带再度决口，泛滥加剧，徐州洪、吕梁洪等河段屡屡断水，情况非常严重。于是，在主管工程的官员杨一魁、刘东星、李化龙等人相继主持下，除治理黄河外，又于微山湖的东面和东南面穿凿新河，经过多年断断续续施工，到万历三十二年(公元1604年)，全部完工。它北起夏镇，接夏镇新河，沿途纳彭河、东西泇河等水，南到直河口(江苏宿迁西北)入黄河，长130 km。它比旧河顺直，又无徐州、吕梁二洪之险，再加上位于微山湖东南，黄河洪水的威胁较小，所以它的穿凿，进一步改善了南北水运。由于它以东、西两泇河为主要补充水源，故名泇河运河。

最后，在明末清初，又穿通济新河和中河。泇河运河竣工后，从直河口到清江浦(今清江市)一段运道约90 km，仍然河运合槽，运河并未彻底摆脱黄河洪水和泥沙的威胁，因而河运分离的工程继续进行，又相继穿凿通济新河和中河。前者凿于明代天启三年（公元1623年），西北起直河口附近接泇河运河，东南至宿迁，长28.5 km。后者是在清代初年著名治河专家靳辅、陈潢的规划下修建的。康熙二十五年（公元1686年）动工，两年后基本凿成。它上接通济新河，下到杨庄（在清江市境）。杨庄与南河北口隔河相望，舟船穿过黄河，便可进入南河。至此，河运分离工程全部告成。

河运分离工程是明代后期到清代前期治理运河的主要工程之一，它的完工，使淮北地区的运河基本上摆脱了黄河的干扰，保证了运河的正常航行。

（五）南河的改造

从春秋末年起，江、淮之间一直有运河沟通。这条运河南起今日扬州市，北到今日清江市。它在历史上曾相继被称为邗沟、中渎水、山阳渎、扬楚运河、淮扬运河、淮南河等，明代称南河。由于它也是南粮北运的必经孔道，而又存在着许多问题，所以也是明清时期治理的主要对象之一。

自元代到明初，这段运河都在淮安城北与河淮合槽连接。平时运河水位高，黄河水位低，运河水量容易流失。黄河汛期，水位黄河高运河低，黄河的洪水和泥沙又容易冲积运河河道。明代初年，当陈瑄继宋礼负责治理河运时，在河运交接处，并排修建以仁、义、礼、智、信命名的五坝，以防止运河水量流失和黄河洪沙涌入。当时所以建坝五座，旨在便于舟船分散盘坝，以减少等候时间。以后，又因盘坝毕竟费工、费时，陈瑄又在当地故老指点下，重开宋代沙河故道，并在道上每隔5 km左右修一闸门，共修五闸。舟楫进出河运，改走此道，船来开闸，船去立即关闭，既便捷，又无运河水量流失、黄河洪沙内灌的问题。

在较好地解决河运连接问题的同时，陈瑄也比较妥善地处理了江运间的通航问题。本来运河只有一口入江，后来，由于长江北岸泥沙的堆积，旧口渐淤，只好又开新口。到明代，实际上形成了多个通江运口，如仪真（今仪征）运口、瓜洲运口、白塔河口、北新河口等。江运间多口相通，虽有维修工作繁重、容易泄水等缺陷，但优点也不少。一是当时运河已颇繁忙，过往舟船很多，多口出入可以避免拥挤。二是各地来船可以就近入运，既缩短运道，又减少江上风险。如从长江中上游来船，可进最西面的仪真运口；从太湖流域取道镇江北上的漕船，可入瓜洲运口，来自太湖流域取道孟渎或德胜新河的粮船，渡江便可进入白塔河和北新河。陈瑄等对于这些运口，基本上都加以治理，如疏浚港道，建筑水坝和闸门等。在运口修建闸门，工程比较复杂，但它便于舟船进出；在长江水位下降时，可以关闸防止运河水量流失；在长江涌潮水位提高时，可以开闸引水。

除南北两端外，明代对南河的河道也进行了大规模的整治，主要的工程是建湖堤、穿月河等，逐步使湖运分离。

南河有很长的航道属河湖不分，即以自然湖泊为航道，漕船穿湖航行。但是，湖大、风急、浪高，常有舟船覆没。为防止湖浪翻船，起初，明代在宝应老人柏丛桂的建议下，决定修建护船湖堤，另穿航道。较早的一次工程实施于洪武九年（公元1376年），当时发淮扬丁夫5万，“筑高邮湖堤二十余里，开宝应倚湖直渠四十里，筑堤护之”。既在高邮湖中筑堤防浪，保护粮船从堤旁通航，又在宝应湖旁开渠，并在湖渠之间筑堤护渠。宣德年间（公元1426～1435年），陈瑄主持河运工程时，又把这项工程扩展到白马、氾光等湖。这种护运湖堤为砖土结构，抗御风浪的性能较差，虽有保护漕船的作用，但其本身极易被风浪摧毁,维修任务十分繁重。为了改变这种情况,于是弘治年间(公元 1488 ~ 1505 年),在户部侍郎白昂主持下,复河(月河或越河)工程开始修建。他主持穿凿的这条复河叫康济河,长 20 km,西距高邮湖数里,在旧渠之东,引湖水为水源。由于离湖较远,风浪不及,比较安全。继白昂之后,万历十三年(公元 1585 年),采纳总漕都御史李世达的建议,又在宝应湖东穿弘济月河,长 5 666 余 m。接着刘东星也在万历二十八年(公元 1600 年),在邵伯、界首两湖的东面,分别凿成邵伯月河和界首月河。前者长 9 km,宽 60 m 多,后者长 6 km 多。经过这一系列工程,南河航道基本上摆脱了湖浪的威胁。

(六)其他运道的浚治

太湖流域是明代的主要产粮区,"国税"占全国 1/6 以上,外运任务繁重。由于水量丰富,这里航道的情况基本良好。但为了进一步提高运输能力,明代也一再动工建设这里的航运工程。除治理地势略高的镇江—常州一段江南河的水道外,主要的是改造孟渎。孟渎在江苏常州市西北,西南通江南运河,东北通长江,为唐人孟简改造旧水道而成,用于溉田和排泄太湖流域的洪水。明永乐时,征集民夫 10 万加以扩建,使之也成为重要的北通长江的运粮渠道。此外,宣德六年(公元 1431 年),又在孟渎之东穿德胜新河,给江南运河开辟了又一条入江支线。

大运河中,临清—天津间的一段航道,由卫河改造而成。卫河本身水量不足,主要由漳水补充。但漳水水量变化很大,河道也常有变迁。为了不致因漳水改道而卫河缺水,也为了不致因漳水发水而卫河溃决,明代在卫河上也修建了不少工程。除引漳工程外,还凿了一批减水河,如山东恩县(并入平原县)四女寺减河、河北沧州捷地减河、青县兴济减河等。这些减河可使卫河中过多的水,有控制地东排入海,以保证运河不被洪水冲毁。清代也很重视对这些减河的维修。

京杭大运河,由于明、清两代人们的不懈努力,与元代初建时相比,有很大的发展。其中只有通惠河(明、清叫大通河)是另一种情况,它萎缩了。在元代,通惠河主要以西山诸泉为水源,虽不充裕,但总还能维持大都到通州的航运。明代以后,由于白浮泉等日益干涸,以及皇家园苑耗水剧增等,运河水量严重不足。其间,虽然经过人们一再整治,如明代多次修理沿河坝闸,尽量减少水量流失,清乾隆时开辟昆明湖,以增加蓄水量,但都没有明显好转。运河粮船只能到达通州,只有小船经盘坝后,勉强可以通到大通桥。

京杭大运河长 1 790 多 km,是古今中外最长的运河。沿线自然条件复杂,地势高低不一,水源丰枯不等,洪沙灾害频仍。人们用开拓水源、设置水柜、建立坝闸、分离河运、穿凿减河等工程和方法加以克服,使这条最长的运河经久不衰,历时长达 6 个世纪。这是千千万万人民聪明睿智、顽强拼搏的结晶,是民族和国家的骄傲。

元、明、清三代,国家的统一不断加强,与大运河促进南北政治、经济、文化的联系有密切的关系。大运河推动了经济、文化的发展,明、清时期,我国农、工、商业都很繁荣,特别是运河地区。当时全国兴起了 30 多座城市,绝大部分分布在运河沿线。我国资本主义的萌芽,也在这里诞生。

到 19 世纪末期,由于黄河北迁,大运河遭到严重破坏;又由于火车、海轮等现代交通工具的兴起,铁路、海运等南北新的交通干线的形成,大运河才逐步退出历史舞台。不过,随着南水北调东线工程的开展,大运河将再度焕发青春。

第二节　中国现代水利工程

一、乌鲁瓦提水利枢纽

乌鲁瓦提水利枢纽(Wuluwati Hydro Project)位于中国新疆维吾尔自治区和田地区，是和田河支流喀拉喀什河中游的大型控制枢纽，主要任务是灌溉、发电、改善生态环境、防洪。工程建成后，可新增加灌溉面积4.6万hm^2，改善灌溉面积7.53万hm^2；水电站装机容量60 MW，保证出力16.5 MW，多年平均年发电量1.97亿kWh，并可增加下游两个径流电站的年有效电量0.45亿kWh；通过水库调节，每年为塔里木河供水10.57亿m^3，以维持其生态环境；还可提高喀拉喀什河的防洪标准，减轻下游洪水灾害。

坝址控制流域面积19 983 km^2，占流域总面积的90%。多年平均径流量21.9亿m^3。枢纽正常蓄水位为1 962 m，总库容3.47亿m^3。枢纽主要水工建筑物设计洪水标准为100年一遇，洪峰流量1 690 m^3/s；校核洪水标准为2 000年一遇，洪峰流量2 829 m^3/s。

枢纽区河流呈S形，河谷狭窄，有利于枢纽建筑物布置。枢纽区位于西昆仑褶皱带的北缘，在铁克里克断裂与柯岗断裂间的断隆北部。北侧的铁克里克断裂距枢纽区8.5 km，2 800年以来未活动，历史上曾发生过两次7级和一次7.5级地震；南侧的柯岗断裂距枢纽区30 km，曾错断全新世二级阶地的冲积层，发生一次7级地震。坝址区无规模较大断层及活动性断裂，属基本稳定区，地震基本烈度为Ⅶ度，拦河坝及其挡水建筑物地震设计烈度为Ⅷ度。坝址区岩层为元古界绿色片岩系，以云母石英片岩为主，夹绿泥石石英片岩和云母钙质片岩，并有方解石脉和石英脉顺片理分布，断层裂隙不甚发育。右岸有古河床，充填胶结和半胶结砂砾石。河床砂砾石层厚度5～10 m，深槽处厚度23～30 m。

枢纽主要建筑物有拦河坝、溢洪道、泄洪排沙洞、冲沙洞、发电引水系统及水电站厂房等。拦河坝由主坝和副坝组成，均为混凝土面板砂砾石坝。

主坝标准断面，坝顶长度365 m，最大坝高131.8 m，上游坝坡1∶1.6，下游之字形上坝公路间的坝坡为1∶1.5，坝顶宽度12 m。坝体由垫层、过渡层、主堆石、次堆石、石渣利用区等组成。主堆石区采用河床砂砾石料填筑。为保证坝体排水效果，在坝轴线上游约60 m处的主堆石区内设置竖向排水体，顶部达到防浪墙底部高程，水平宽度4 m；由4条宽度10 m、厚度4 m的水平排水带连接到下游排水棱体，排水体采用10～200 mm的粗砾混合料，相对密度不小于0.85。

副坝最大坝高67 m，坝顶长度108 m，是利用古河槽内充填紧密处于胶结和半胶结状态的砂砾石作为堆石体，按上游坝坡1∶1.6削坡至趾板高程，其上浇筑厚度为40 cm的无砂混凝土排水层，并于坡脚处扩大断面形成排水沟，将面板和周边缝的渗水集中通过主、副坝间山体开挖的平洞及排水沟与主坝排水系统相连通，排至下游河道。在无砂混凝土表面喷涂薄层乳化沥青，然后浇筑混凝土面板。下游坝坡及坝顶宽度与主坝相同。主、副坝间的单薄山脊清除强风化层后，在表面浇筑混凝土连接板，利用锚筋加强与岩石连接。混凝土连接板及主、副坝地基均设置双排防渗灌浆帷幕。

主、副坝混凝土面板在施工期间曾发生200余条裂缝，于水库蓄水前对缝宽不大于

0.2 mm 的裂缝,采用复合 SR 防渗盖片进行表面封闭处理;对缝宽大于 0.2 mm 的裂缝,先采用 SR－3 塑性止水材料进行嵌缝处理,再进行表面封闭处理。

主、副坝均布置了较为完整的内部和外部安全监测系统。观测成果表明,混凝土面板及砂砾石堆石体的应力、应变及坝体渗流、沉降量均属正常。

泄洪排沙洞全长 876.498 m,最大泄量 1 130 m^3/s。发电引水洞全长 480.59 m,引水流量 90 m^3/s。冲沙洞全长 811.03 m,最大冲沙流量 123 m^3/s。溢洪道全长 548.85 m,堰顶宽度 14 m,设计泄量 1 318 m^3/s,校核泄量 1 850 m^3/s。水电站厂房位于拦河坝后,垂直于河床布置,基础置于弱风化云母石英片岩上,安装 4 台单机容量 15 MW 的水轮发电机组。

工程施工采用隧洞导流,一次断流,枯水围堰挡水,汛期坝体临时断面挡水。主体工程量:土石方明挖 287 万 m^3,石方洞挖 13.4 万 m^3,土石方填筑 682 万 m^3,混凝土浇筑 27.4 万 m^3。工程静态投资 12.8 亿元,总投资 15.4 亿元。枢纽工程于 1994 年 7 月开工建设,1997 年 9 月截流,2002 年 9 月全部完工。

二、隔河岩水利枢纽

隔河岩水利枢纽(Geheyan Hydro Project) 位于中国湖北省长阳县境内长江支流清江干流上,上距恩施市 207 km,下距高坝洲水电站 50 km。工程开发任务以发电为主,兼有防洪、航运等综合效益。水电站装机容量 1 200 MW,保证出力 187 MW,多年平均年发电量 30.4 亿 kWh,并承担华中电网的调频调峰任务。水库总库容 34.4 亿 m^3,预留防洪库容 5 亿 m^3,既可以削减清江下游洪峰,也可错开与长江洪峰的遭遇,减少荆江分洪工程的使用机会和推迟分洪时间。

坝址控制流域面积 14 430 km^2,占全流域面积的 85%,多年平均流量 403 m^3/s,年径流量 126 亿 m^3,多年平均年输沙量 971 万 t。枢纽主要水工建筑物设计洪水标准为 1 000 年一遇,洪峰流量 22 800 m^3/s,相应库水位 203.14 m;校核洪水标准为 10 000 年一遇,洪峰流量 27 800 m^3/s,相应库水位 204.59 m。水库正常蓄水位 200 m,相应库容 31.2 亿 m^3,死水位 160 m,兴利库容 19.75 亿 m^3。

坝址处两岸山顶高程 500 m 左右,枯水期河面宽 110～120 m,河谷下部 50～60 m 岸坡陡立,河谷上部右陡左缓,为不对称峡谷。大坝基础地层为寒武系石龙洞灰岩,岩性致密坚硬,基岩内断层、层间剪切带及岩溶系统等较发育。坝区地震基本烈度为Ⅵ度,设计烈度为Ⅶ度。

枢纽工程由混凝土重力拱坝、泄水建筑物、右岸引水式水电站和左岸垂直升船机组成。主坝坝顶高程 206 m,坝顶全长 665.45 m,最大坝高 151 m。两岸布置重力坝段,左岸坝肩高程 120～138 m 的建基面上设置重力墩;河床为三心单曲、上重下拱复合重力拱坝,外圆弧半径 312 m,下游坝坡 1∶0.5～1∶0.7。河床中部拱顶高程 181 m,向两岸逐渐下降,左岸至重力墩顶 150 m,右岸至岸边 160 m,拱顶以下横缝灌浆,形成不同灌浆高程的拱坝,拱顶以上横缝不灌浆,呈重力坝工作状态,下游坝坡 1∶0.7,两者之间设过渡段衔接。对于影响两岸拱座稳定的软弱结构面,采用阻滑键、传力柱及加强山体排水等措施处理。

泄水建筑物集中布置在大坝的河床中部,溢流前缘长度 188 m。共设 7 个表孔、4 个深孔和2个兼作导流的放空底孔。表孔堰顶高程181.8 m,孔口尺寸为12 m×18.2 m。深孔孔底高程134 m,孔口尺寸为4.5 m×6.5 m。底孔孔底高程95 m,孔口尺寸为4.5 m×6.5 m。各式孔口均采用弧形闸门控制操作,并在其上游设平板检修闸门。表孔体型采用不对称宽尾墩,深孔体型采用窄缝挑流鼻坎。表孔在设计和校核条件下的泄洪能力分别为17 050 m^3/s和19 000 m^3/s。枢纽最大泄流能力为24 000 m^3/s。防渗帷幕线路长1.5 km,总进尺25.17万m。

水电站位于右岸,引水式地面厂房,4条直径为9.5 m的隧洞接直径8 m的压力钢管,单洞单机,分别接至4台300 MW的混流式水轮机组。隧洞采用预应力混凝土衬砌。厂房和压力钢管开挖形成170 m的高边坡,采用混凝土局部置换、设置预应力锚束及加强山体排水等措施处理。

通航建筑物位于左岸,是中国第一座高升程300 t级过坝的垂直升船机。设计最大年货运量为340万t,总升程124 m。工程分为两级,第一级为大坝挡水前缘的一部分,升程42 m;第二级位于左岸下游河滩,升程82 m,与中间错船渠和下游河道相衔接。升船机采用全平衡钢丝绳卷扬系统,承船厢有效水域尺寸42 m×10.2 m×1.7 m,带水总重1 400 t。

施工采用一次断流、汛期基坑过水的导流方式。导流分初期和后期两个阶段。初期导流阶段,枯水期围堰挡水,导流隧洞泄流;汛期围堰过水与导流隧洞联合泄流。后期导流阶段,枯水期由坝体挡水,底孔泄流;汛期由坝体预留缺口,与底孔和深孔联合泄流。

主体工程量:土石方明挖841.67万m^3、洞挖66.2万m^3,混凝土浇筑392.79万m^3,帷幕灌浆25.17万m,固结灌浆19.13万m,钢材2.7万t。

工程于1987年初开工兴建,1993年6月第一台机组发电,1994年11月4台机组全部并网发电,1994年底基本建成,1997年枢纽工程通过竣工验收,工程运行情况良好。工程静态投资35.83亿元,总投资51.69亿元,单位(千瓦)投资4 300元。

三、万家寨水利枢纽

万家寨水利枢纽(Wanjiazhai Hydro Project)位于中国黄河北干流托克托至龙口峡谷河段,左岸为山西省偏关县,右岸为内蒙古自治区准格尔旗。枢纽工程主要任务是向山西及内蒙古供水,并结合发电调峰,兼有防洪、防凌作用。坝址控制流域面积39.5万km^2,多年平均年径流量192亿m^3。水库总库容8.96亿m^3,调节库容4.45亿m^3。设计年供水量14亿m^3,水电站装机容量1 080 MW,多年平均年发电量27.5亿kWh。

坝址基岩为寒武系灰岩、薄层泥灰岩、页岩、白云岩、白云质灰岩。岩层产状平缓,走向NE,倾向NW,倾角2°~3°。坝基大部分岩体饱和抗压强度为88.4~176.9 MPa,相对软弱的泥灰岩、页岩在新鲜状况下的饱和抗压强度平均值大于80 MPa。在河床坝基部位发育有10条层间剪切带,埋深浅、倾角平缓,抗剪强度偏低。

枢纽主要建筑物有混凝土重力坝、引黄取水口、坝后式厂房、开关站等。枢纽主要水工建筑物设计洪水标准为1 000年一遇,洪峰流量16 500 m^3/s;校核洪水标准为10 000年一遇,洪峰流量21 200 m^3/s。平均年输沙量1.49亿t。最大坝高105 m,坝顶长443 m。泄洪排沙建筑物布置在河床左侧,最大泄洪能力21 100 m^3/s,其中:底孔8个,孔口尺寸4 m×6 m,孔口底坎高程915 m,单孔最大泄量719 m^3/s;中孔4个,孔口尺寸4 m×8 m,孔口底坎高程 946 m,单孔最大泄量 675 m^3/s;表孔 1 个,孔口净宽 14 m,堰顶高程 970 m,最大泄量 864 m^3/s。泄洪排沙建筑物均采用挑流消能。引黄取水口 2 个,布置在左岸挡水坝段,孔口尺寸 4 m×4 m,底坎高程 948 m,单孔最大引水流量 24 m^3/s。电站进水口 6 个,进口底坎高程 932 m,引水压力钢管直径 7.5 m,采用坝面浅埋式布置。电站坝段排沙钢管 5 个,进口底坎高程 912 m,驼峰底坎高程 917 m,排沙钢管直径 2.7 m,库水位 952 m 时,单孔泄量 57 m^3/s。坝后式厂房装有 6 台单机容量为 180 MW 的混流式水轮发电机组,开关站位于厂坝之间,采用户内封闭式组合电器,输电电压为 220 kV,向山西、内蒙古侧各出线 3 回。

施工采用分期导流,一期先围左岸,右岸缩窄河床导流;二期围右岸,左岸 5 孔 9.5 m×9 m 导流底孔及坝体预留缺口(宽 38 m)导流。主体工程量:土石方开挖 132 万 m^3,混凝土浇筑 178.85 万 m^3,金属结构安装 1.38 万 t,钢材 4.02 万 t。工程概算静态投资 42.99 亿元,总投资 60.58 亿元。

枢纽工程于 1994 年 11 月主体工程开工,1998 年 10 月 1 日水库下闸蓄水,1998 年 11 月 28 日首台机组发电,2000 年全部机组投产。

四、黄河小浪底水利枢纽工程

黄河小浪底水利枢纽工程位于河南省洛阳市孟津县小浪底,在洛阳市以北黄河中游最后一段峡谷的出口处,南距洛阳市 40 km,上距三门峡水利枢纽 130 km,下距河南省郑州花园口 128 km,是黄河干流三门峡以下唯一能取得较大库容的控制性工程。黄河小浪底水利枢纽工程是黄河干流上的一座集减淤、防洪、防凌、供水灌溉、发电等为一体的大型综合性水利工程,是治理开发黄河的关键性工程,属国家"八五"重点项目。小浪底工程浩大,总工期 11 年。

小浪底水库两岸分别为秦岭山系的崤山、韶山和邙山,中条山系、太行山系的王屋山。它的建成将有效地控制黄河洪水,可使黄河下游花园口的防洪标准由 60 年一遇提高到 1 000年一遇,基本解除黄河下游凌汛的威胁,减缓下游河道的淤积。小浪底水库还可以利用其长期有效库容调节非汛期径流,增加水量用于城市及工业供水、灌溉和发电。它处在承上启下控制下游水沙的关键部位,控制黄河输沙量的 100%。

1994 年 9 月主体工程开工,1997 年 10 月 28 日实现大河截流,1999 年底第一台机组发电,2001 年 12 月 31 日全部竣工,总工期 11 年。坝址控制流域面积 69.42 万 km^2,占黄河流域面积的 92.3%。水库总库容 126.5 亿 m^3,长期有效库容 51 亿 m^3。工程以防洪、减淤为主,兼顾供水、灌溉和发电,蓄清排浑,除害兴利,综合利用。工程建成后,可滞拦泥沙 78 亿 t,相当于 20 年下游河床不淤积抬高,电站总装机容量 180 万 kW,年平均发电量 51 亿 kWh。

小浪底工程由拦河大坝、泄洪建筑物和引水发电系统组成。

小浪底工程拦河大坝采用斜心墙堆石坝,设计最大坝高 154 m,坝顶长度 1 667 m,坝顶宽度 15 m,坝底最大宽度 864 m。坝体填筑量 51.85 万 m^3,基础混凝土防渗墙厚 1.2 m、深 80 m,其填筑量和混凝土防渗墙均为国内之最。坝顶高程 281 m,水库正常蓄水位 275 m,库水面积 272 km^2,总库容 126.5 亿 m^3。水库呈东西带状,长约 130 km,上段较窄,下段较宽,平均宽度 2 km,属峡谷河道型水库。坝址处多年平均流量 1 327 m^3/s,输沙量 16 亿 t。

泄洪建筑物包括 10 座进水塔、3 条导流洞改造而成的孔板泄洪洞、3 条排沙洞、3 条明流泄洪洞、1 条溢洪道、1 条灌溉洞和 3 个两级出水消力塘。由于受地形、地质条件的限制,所以均布置在左岸。其特点为水工建筑物布置集中,形成蜂窝状断面,地质条件复杂,混凝土浇筑量占工程总量的 90%,施工中大规模采用新技术、新工艺和先进设备。

引水发电系统也布置在枢纽左岸。包括 6 条发电引水洞、地下厂房、主变室、闸门室和 3 条尾水隧洞。厂房内安装 6 台 30 万 kW 混流式水轮发电机组,总装机容量 180 万 kW,多年平均年发电量 45.99 亿 kWh/58.51 亿 kWh(前 10 年/后 10 年)。

小浪底水利枢纽主体工程建设采用国际招标,以意大利英波吉罗公司为责任方的黄河承包商中大坝标,以德国旭普林公司为责任方的中德意联营体中进水口泄洪洞和溢洪道群标,以法国杜美兹公司为责任方的小浪底联营体中发电系统标。1994 年 7 月 16 日合同签字仪式在北京举行。

小浪底水利枢纽战略地位重要,工程规模宏大,地质条件复杂,水沙条件特殊,运用要求严格,被中外水利专家称为世界上最复杂的水利工程之一,是一项最具挑战性的工程。

五、长江三峡水利枢纽工程

长江三峡水利枢纽工程,简称三峡工程,是中国长江中上游段建设的大型水利工程项目。分布在中国重庆市到湖北省宜昌市的长江干流上,大坝位于三峡西陵峡内的宜昌市夷陵区三斗坪,并和其下游不远的葛洲坝水电站形成梯级调度电站。它是世界上规模最大的水电站,也是中国有史以来建设的最大型的工程项目,而由它所引发的移民、环境等诸多问题,使它从开始筹建的那一刻起,便始终与巨大的争议相伴。

(一)工程概况

三峡工程建筑由大坝、水电站厂房和通航建筑物三大部分组成。

大坝为混凝土重力坝,大坝坝顶总长 3 035 m,坝高 185 m,设计正常蓄水位枯水期为 175 m(丰水期为 145 m),总库容 393 亿 m^3,其中防洪库容 221.5 亿 m^3。

水电站左岸设 14 台,右岸 12 台,共 26 台水轮发电机组。水轮机为混流式,单机容量均为 70 万 kW,总装机容量为 1 820 万 kW,年平均发电量 847 亿 kWh。后又在右岸大坝"白石尖"山体内建设地下电站,设 6 台 70 万 kW 的水轮发电机组。

通航建筑物包括永久船闸和垂直升船机,均布置在左岸。永久船闸为双线五级连续船闸,位于左岸临江最高峰坛子岭的左侧,单级闸室有效尺寸为 280 m×34 m—5 m(长×宽—坎上水深),可通过万吨级船队,年单向通过能力 5 000 万 t。升船机为单线一级垂直提升式,承船箱有效尺寸为 120 m、18 m、3.5 m,一次可通过一艘 3 000 t 级客货轮或 1 500 t 级船队。工程施工期间,另设单线一级临时船闸,闸室有效尺寸为 240 m×24 m×4 m。

(二)大事记

1919 年,孙中山先生在《建国方略之二——实业计划》中谈及对长江上游水路的改良:"改良此上游一段,当以水闸堰其水,使舟得溯流以行,而又可资其水力。"最早提出建设三峡工程的设想。

1932年,国民政府建设委员会派出的一支长江上游水力发电勘测队在三峡进行了为期约两个月的勘察和测量,编写了一份《扬子江上游水力发电测勘报告》,拟定了葛洲坝、黄陵庙两处低坝方案。这是我国专为开发三峡水力资源进行的第一次勘测和设计工作。

1944年,在当时的中国战时生产局内任专家的美国人潘绥写了一份《利用美贷款筹建中国水力发电厂与清偿贷款方法》的报告。

1944年,美国垦务局设计总工程师萨凡奇到三峡实地勘察后,提出了《扬子江三峡计划初步报告》,即著名的"萨凡奇计划"。

1945年,国民政府资源委员会成立了三峡水力发电计划技术研究委员会、全国水力发电工程总处及三峡勘测处。

1946年,国民政府资源委员会与美国垦务局正式签订合约,由该局代为进行三峡大坝的设计;中国派遣技术人员前往美国参加设计工作。有关部门初步进行了坝址及库区测量、地质调查与钻探、经济调查、规划及设计工作等。

1947年5月,面临崩溃的国民政府,中止了三峡水力发电计划的实施,撤回在美的全部技术人员。美国垦务局工程师福斯托在写给中国同事的信中说:"伟大如三峡计划,中国自不能久置不问,相信于不久之将来,定有兴工之一日。"三峡勘测处主任张昌龄在办理结束工作时也说:"我不希望仅是一个梦——理想的天国,总有一天会在地上实现。"

1949年,长江流域遭遇大洪水,荆江大堤险象环生。长江中下游特别是荆江河段的防洪问题,从新中国成立伊始就引起了重视。

1950年初,国务院长江水利委员会(简称长委)正式在武汉成立。三年后兴建了荆江分洪工程。

1953年,毛泽东主席在听取长江干流及主要支流修建水库规划的介绍时,希望在三峡修建水库,以"毕其功于一役"。他指着地图上的三峡说:"费了那么大的力量修支流水库,还达不到控制洪水的目的,为什么不在这个总口子上卡起来?""先修那个三峡大坝怎么样?!"

1953年10月,长委上游局党组向西南局财委的报告中提出,将来三峡水库的蓄水高度可能在190 m左右,请西南局向沿江城市和有关单位打招呼,不要在190 m高程以下设厂或建较重要的工程。西南局财委同意了这个意见。

1954年汛期,长江流域发生了20世纪以来的最大洪水,江汉平原、洞庭湖区损失惨重。这次大水再次警示:消除中下游严重洪水灾害的威胁乃是治理长江首要而紧迫的任务。

1954年9月,长委主任林一山在《关于治江计划基本方案的报告》中提出三峡坝址拟选在黄陵庙地区,蓄水位拟选为191.5 m。

1955年起,在中共中央、国务院领导下,有关部门和各方面人士通力合作,全面开展长江流域规划和三峡工程勘测、科研、设计与论证工作。3月,在莫斯科签订了技术援助合同,第一批苏联专家6月到达武汉。长委所属4台钻机和第七地形测量队先后进入三峡地区,开展测量工作。

1955年12月,周恩来在北京主持会议,在听取长委和苏联专家两种截然相反的意见后,肯定了国内专家的意见,正式提出,三峡水利枢纽有着"对上可以调蓄、对下可以补偿”的独特作用,三峡工程是长江流域规划的主体。

1956 年,毛泽东主席在武汉畅游长江后写下了“更立西江石壁,截断巫山云雨,高峡出平湖”的著名诗句。

1957 年 12 月 3 日,周恩来总理为全国电力会议题词:“为充分利用中国五亿四千万千瓦的水力资源和建设长江三峡水利枢纽的远大目标而奋斗。”

1958 年 3 月,周恩来总理在中共中央成都会议上作了关于长江流域和三峡工程的报告,会议通过了《中共中央关于三峡水利枢纽和长江流域规划的意见》,明确提出:“从国家长远的经济发展和技术条件两个方面考虑,三峡水利枢纽是需要修建而且可能修建的,应当采取积极准备、充分可靠的方针进行工作。”当月,周恩来总理登上三斗坪中堡岛,与随行专家共同研究三峡工程坝址优选方案。

1958 年 3 月 30 日,毛泽东主席视察葛洲坝坝址。

1958 年 6 月,长江三峡水利枢纽第一次科研会议在武汉召开,82 个相关单位的 268 人参加,会后向中央报送了《关于三峡水利枢纽科学技术研究会议的报告》。

1958 年 8 月,周恩来总理主持了北戴河的长江三峡会议,更具体地研究了进一步加快三峡水利枢纽设计及准备工作的有关问题,要求 1958 年底完成三峡水利枢纽初设要点报告。1959 年 5 月,在武昌对《三峡初设要点报告》进行了为期 10 天的讨论,一致通过选用三斗坪坝址,大坝可按正常蓄水位 200 m 设计。

1960 年 4 月,水电部组织了水电系统的苏联专家 18 人及国内有关单位的专家 100 余人在三峡查勘,研究选择坝址。同月,中共中央中南局在广州召开经济协作会,讨论了在“二五”期间投资 4 亿元、准备 1961 年三峡工程开工的问题。由于暂时经济困难和国际形势影响,三峡工程建设步伐得到调整。8 月苏联政府撤回了有关专家。

1970 年,中央决定先建作为三峡总体工程一部分的葛洲坝工程,一方面解决华中用电供应问题,一方面为三峡工程做准备。12 月 26 日,毛泽东主席作了亲笔批示:“赞成兴建此坝。”

1970 年 12 月 30 日,葛洲坝工程开工。

1979 年,水利部向国务院报告关于三峡水利枢纽的建议,建议中央尽早决策。

1980 年 7 月,邓小平副总理从重庆乘船视察了三峡坝址、葛州坝工地和荆江大堤,听取了三峡工程的汇报。

1981 年 1 月 4 日,葛洲坝工程大江截流胜利合龙。

1981 年 12 月,葛洲坝水利枢纽二江电站一、二号机组通过国家验收正式投产。

1982 年 11 月,邓小平副总理在听取兴建三峡工程的汇报时果断表态:“看准了就下决心,不要动摇!”

1984 年 4 月,国务院原则批准由长江流域规划办公室组织编制的《三峡水利枢纽可行性研究报告》,初步确定三峡工程实施蓄水位为 150 m 的低坝方案。

1984 年底,重庆市对三峡工程实施低坝方案提出异议,认为这一方案的回水末端仅止于涪陵、忠县间 180 km 的河段内,重庆以下较长一段川江航道得不到改善,万吨级船队仍然不能直抵重庆。

1986 年 3 月,邓小平接见美国《中报》董事长傅朝枢时表示:对兴建三峡工程这样关系千秋万代的大事,中国政府一定会周密考虑,有了一个好处最大、坏处最小的方案时,才会决定开工,是决不会草率从事的。

1986 年 6 月,中共中央和国务院决定进一步扩大论证,责成水利部重新提出三峡工程可行性报告,以钱正英为组长的三峡工程论证领导小组成立了 14 个专家组,进行了长达两年八个月的论证。

1989 年,长江流域规划办公室重新编制了《长江三峡水利枢纽可行性研究报告》,认为建比不建好,早建比晚建有利。报告推荐的建设方案是:"一级开发,一次建成,分期蓄水,连续移民",三峡工程的实施方案确定坝高为 185 m,蓄水位为 175 m。

1989 年 7 月,中共中央总书记江泽民来到湖北宜昌,考察了三斗坪坝址。

1989 年底,葛洲坝工程全面竣工,通过国家验收。

1990 年 7 月,以邹家华为主任的国务院三峡工程审查委员会成立;至 1991 年 8 月,委员会通过了可行性研究报告,报请国务院审批,并提请第七届全国人大审议。

1991 年 9 月,全国政协主席李瑞环视察三峡大坝坝址。

1992 年,全国人大常委会委员长乔石视察三峡大坝坝址。

1992 年 4 月 3 日,第七届全国人大第五次会议以 1 767 票赞成、177 票反对、664 票弃权、25 人未按表决器通过《关于兴建长江三峡工程的决议》,决定将兴建三峡工程列入国民经济和社会发展十年规划,由国务院根据国民经济发展的实际情况和国家财力、物力的可能,选择适当时机组织实施。三峡工程采取"一次开发、一次建成、分期蓄水、连续移民"的建设方式,水库淹没涉及湖北省、重庆市的 20 个区县 270 多个乡镇、1 500 多家企业,以及 3 400 多万 m^2 的房屋。从开始实施移民工程的 1993 年到 2005 年,每年平均移民近 10 万人,累计有 110 多万移民告别故土。

1993 年 1 月,国务院三峡工程建设委员会成立,李鹏总理兼任建设委员会主任。委员会下设三个机构:办公室、移民开发局和中国长江三峡工程开发总公司。

1993 年 7 月 26 日,国务院三峡工程建设委员会第二次会议审查批准了长江三峡水利枢纽初步设计报告(枢纽工程),标志着三峡工程建设进入正式施工准备阶段。

1993 年 8 月,国务院发布了长江三峡工程建设移民条例,规定:国家在三峡工程建设中实行开发性移民方针,使移民的生活水平达到或者超过原有水平,并为三峡库区长远的经济发展和移民生活水平的提高创造条件。

1993 年 9 月 26 日,江泽民主席为三峡工程题词:"发扬艰苦创业精神 建好宏伟三峡工程。"

1993 年 9 月 27 日,中国长江三峡工程开发总公司正式挂牌成立。

1993 年 12 月 25 日,国务院三峡工程建设委员会第三次会议研究三峡工程移民问题。

1994 年 10 月 16 日,中共中央总书记、国家主席江泽民考察三峡工地时指出,"既然已经下定决心要上这个工程,就要万众一心,不怕困难,艰苦奋斗,务求必胜"。江泽民主席还为三峡工程题词:"向参加三峡工程的广大建设者致敬。"

1994 年 11 月 2 日,朱镕基副总理视察三峡工程。

1994 年 11 月 17 日,国务院三峡工程建设委员会第四次会议研究三峡工程正式开工问题。

1994 年 12 月,李鹏总理在乘船赴三峡工地参加工程开工典礼的途中,写下歌颂三峡工程的《大江曲》。

1994 年 12 月 14 日,国务院总理李鹏在宜昌三斗坪举行的三峡工程开工典礼上宣布:三峡工程正式开工。

1995 年,三峡库区一期水位移民搬迁安置工作全面启动。

1996 年 6 月 1 日,葛洲坝电厂正式移交中国长江三峡工程开发总公司。

1996 年 8 月,中国目前跨度最大的悬索桥——西陵长江大桥正式通车;12 月,宜昌三峡机场通航,这些为更好地服务三峡工程建设,起到重要作用。

1996 年 11 月下旬,三峡工程大江截流系统工程启动。

1996 年 12 月 22 日,吴邦国副总理视察三峡工程工地。

1997 年 1 月,国家计委正式批准 10 亿元人民币三峡债券发行计划,这是中国长江三峡工程开发总公司第一次采取国内发行债券的形式用以筹措三峡工程建设资金。

1997 年 3 月,第八届全国人大第五次会议批准设立重庆直辖市。这有利于三峡工程建设和库区移民统一规划、安排和管理。

1997 年 9 月中旬,三峡水库淹没区一线水位移民搬迁基本结束。

1997 年 10 月 1 日,亚洲载重量最大的公路大桥——三峡工程覃家沱大桥建成通车,标志着三峡工程对外交通建设全部完成。

1997 年 10 月 6 日,人工开挖的 3.5 km 长、可供大型船队航行的三峡工程导流明渠正式通航。

1997 年 10 月 13 日,国务院三峡工程建设委员会第六次会议审议批准《长江三峡工程大江截流前验收报告》。

1997 年 10 月 14 日,国务院第 63 次常务会议通过三峡工程大江截流前验收报告,决定三峡工程于 11 月 8 日实施大江截流。

1997 年 10 月 30 日,中共中央书记处书记胡锦涛一行视察三峡工程。

1997 年 11 月 8 日,三峡工程实现大江截流,标志着为期 5 年的一期工程胜利完成,三峡工程转入二期工程建设。

1998 年 1 月初,中国长江三峡工程开发总公司根据国家有关工程质量的法令、法规,结合三峡工程建设实际,制定《三峡工程质量管理办法》(试行),并于 1998 年 1 月正式执行。

1998 年 1 月 12 日,国务院三峡工程建设委员会第七次会议研究三峡二期工程的目标、任务和重点工作的有关问题。

1998 年 1 月 13 日至 17 日,江泽民总书记视察重庆市及库区移民工作,要求把移民放在大事之首,抓住机遇,埋头苦干。

1998 年 4 月 21 日,三峡永久船闸一期开挖工程通过竣工验收,工程质量合格率达 100%,优良率达 82.6%,总体质量完全达到设计要求。

1998 年 5 月 1 日,经过 5 年的建设,长江三峡临时船闸正式通航。这是目前世界上最大的双线五级船闸。

1998 年 5 月 14 日，由长江水利委员会地球物理勘测研究院提交的《长江三峡水利枢纽一期主体工程建基面弹性波检测工程》通过专家评审验收，其成果报告正式归档，载入了三峡工程建设史册。

1998 年 6 月 1 日，三峡工程二期围堰下游防渗墙宣告全线封闭，共完成防渗墙面积 25 746 m^2。

1998 年 7 月，三峡坝区遭遇 57 700 m^3/s 流量的大洪水，坝址水域来水量达到 1877 年以来历史同期最高值，三峡工程经受住洪水考验，工程主要项目正常施工。

1998 年 10 月 8 日，三峡永久船闸上游引航道靠船墩浇下第一方混凝土，这标志着世界最大的船闸已由开挖阶段转入混凝土浇筑阶段。

1998 年 12 月 28 日至 30 日，国务院总理、国务院三峡工程建设委员会主任朱镕基对三峡工程库、坝区进行了考察，并谆谆告诫全体三峡建设者，三峡工程是“千年大计，国运所系”，质量是三峡工程的生命，质量责任重于泰山。

1999 年 2 月 6 日，中共中央纪委书记尉健行参观三峡工程展览馆。

1999 年 3 月 12 日，由山西长治锻压机床厂制造的国内最大卷板机在三峡工地正式投入使用。该机的顺利投入使用，标志着中国已成为世界上能生产特大卷板机的少数国家之一。

1999 年 10 月 3 日，三峡工程永久船闸南线五闸首保护层最后一方石渣被运往渣场，至此，由武警水电部队第四支队担负的永久船闸南线开挖全线告捷，这标志着永久船闸主体开挖工程圆满结束。

1999 年 12 月 31 日，三峡工程全年完成混凝土浇筑 458.52 万 m^3，超额完成年浇筑 448 万 m^3 混凝土的计划，远远超过巴西伊泰普创下的年浇筑混凝土 320 万 m^3 的纪录。

2000 年 1 月 24 日，三峡工程左岸电站厂房首台机组基础环在一号机安装就位，标志着三峡左岸电站厂房施工由土建施工为主转入土建与机组埋件安装并举阶段。

2000 年 7 月 17 日，150 户 639 名重庆市云阳县农村移民外迁到上海市崇明县落户。这是由政府组织的首批外迁移民。

2001 年 1 月 5 日，《长江三峡工程淹没区及迁建区文物古迹保护规划报告》正式通过审查。

2001 年 2 月 15 日，朱镕基总理主持国务院第 35 次常务会议，审议并原则通过《长江三峡工程建设移民条例（修订草案）》（以下简称《条例》），这是对 1993 年的条例进行的修订。《条例》结合一期移民工作实践，对移民迁建和管理的一些政策与原则进行了必要的修改、补充与完善。《条例》自 2001 年 3 月 1 日起实施。

2001 年 5 月 31 日，国务院三峡工程建设委员会第十次会议研究三峡工程建设、外迁移民等有关问题。

2001 年 8 月 30 日，由中国社会科学院和国务院三峡工程建设委员会移民局承担的《中国三峡移民人权保障实证研究》在北京正式启动。

2001 年 11 月 7 日，三峡工程永久性船闸首扇反弧门在闸首中南竖井内安装成功。

2002 年 1 月 13 日，经过 9 年建设，三峡工程大坝已经达到 2003 年蓄水发电所需的坝高，三峡大坝迎水面高程已经全线达到 140 m 高程以上，大坝高度已具备挡水要求。

2002年3月17日，三峡工程首台发电机组转轮吊装成功。转轮的顺利安装为三峡工程在2003年实现首批机组发电创造了条件。

2002年5月1日，三峡工程成功地实施了对上游围堰的爆破。1997年大江截流形成的上游围堰完成了历史使命。

2002年9月1日，三峡工程永久船闸开始进行有水调试。永久船闸按年单向5 000万t和通过万吨级船队要求设计。过往永久船闸的船舶包括万吨级船队，每次过闸的时间大约需要2 h 35 min。根据三峡工程建设计划，船闸将于2003年6月通航。

2002年9月1日，国务院下达的三峡库区12万二期外迁移民任务全面完成，135 m水位下的清库工作接近尾声。

2002年10月21日，三峡大坝最关键的泄洪坝段已经全部建成，全线达到海拔185 m大坝设计高程。

2002年10月25日，国务院召开长江三峡二期工程验收委员会全体会议，同意枢纽工程验收组关于在2002年11月实施导流明渠截流的意见。

2002年10月26日，全长1.6 km的三峡二期大坝全线封顶，整段大坝都已升高到海拔185 m设计坝顶高程。

2002年10月29日，朱镕基总理主持国务院三峡工程建设委员会第11次会议，同意国务院三峡二期工程验收委员会的意见，决定在11月6日进行导流明渠截流合龙。次日，三峡工程开发总公司宣布了国务院三峡工程建设委员会的决定。

2002年11月6日，长江三峡工程导流明渠截流合龙。中共中央政治局常委、全国人大常委会委员长李鹏在截流合龙后发表讲话。全长3.7 km、渠宽350 m的导流明渠，是为解决三峡二期工程期间通航和过流而开挖出来的一段“人造长江”。

2002年11月7日，世界上最大的水轮发电机组转子在三峡工地成功吊装，标志着三峡首台机组大件安装基本完成，从此进入总装阶段。

2002年12月16日，三峡工程三期碾压混凝土围堰开始浇筑。三期围堰设计总浇筑量为110万m^3，将与下游土石围堰一起保护右岸大坝、电站厂房及右岸非溢流坝段施工，是实现三期工程蓄水、通航、发电的关键性工程。

2003年2月27日，三峡库区三、四期移民搬迁工作全面启动。

2003年4月11日，三峡工程临时船闸停止通航运行，长江三峡水域拟实行为期67 d的断航，至6月16日恢复通航。与此同时，翻坝转运工作全面启动。

2003年4月16日，三峡三期碾压混凝土围堰全线到顶，比合同工期提前55 d达到140 m设计高程。

2003年4月22日，三峡工程左岸临时船闸改建冲沙闸工程开工。

2003年4月27日，三峡工程二期移民工程通过国家验收。这标志着三峡移民工作取得重大阶段性成果，三峡库区135 m水位线下移民迁建及库底清理工作已全面完成，达到三峡工程按期蓄水的要求。

2003年5月21日，国务院长江三峡二期工程验收委员会枢纽工程验收组正式宣布，三峡二期工程达到蓄水135 m水位和船舶试通航要求。同意三峡工程6月1日下闸蓄水，并可以在2003年6月实施永久船闸试通航。至此，中国建成世界上水位落差最大的船闸。

2003 年 5 月 30 日,三峡工程依次开启位于泄洪坝段的 20、21、22、23 号 4 个泄洪深孔,这是三峡工程泄洪孔建成后首次开启。

2003 年 6 月 1 日零时,三峡大坝中的闸门按计划准时启动,三峡工程正式下闸蓄水。三峡工程船闸全长 6.4 km,其中船闸主体部分 1.6 km,引航道 4.8 km。三峡船闸系双线 5 级梯级船闸,其工程规模居世界之最。

2003 年 6 月 16 日,三峡船闸开始试通航。

2003 年 6 月 24 日,三峡首批发电的 2 号机组成功进行并网发电试验。

2003 年 7 月 1 日上午 9 时 58 分,三峡工程第一台发电机组——2 号机组开始进行 72 h 并网试运行。4 日 5 时 52 分,2 号机组发生运行故障,机组随即跳闸停机。在故障原因查明后,2 号机组于 5 日 11 时 16 分重新启动,开始新一轮 72 h 并网试运行。

2003 年 7 月 10 日 1 时 31 分,长江三峡工程第一台发电机组——装机容量 70 万 kW 的 2 号机组提前 20 d 实现并网发电。

2003 年 8 月 18 日 9 时 32 分,三峡工程第三台投产的发电机组——3 号机组正式并网发电。

2003 年 10 月,国务院总理、国务院三峡工程建设委员会主任温家宝赴三峡库区和三峡枢纽工程建设工地考察。

2003 年 11 月 22 日,长江三峡工程 1 号机组正式并网发电并投入商业运行。至此,三峡工程首批发电的 6 台机组全部投产。三峡工程已经创造出一年内装机 420 万 kW、连续投产 6 台 70 万 kW 的水电安装和投产世界纪录。

2004 年 1 月 9 日, 新华社报道,三峡工程从 2004 年起进入三期工程。三峡三期工程至 2009 年历时 6 年,期间将完成右岸大坝和右岸电站建设,修建世界上最大的升船机,有 20 台单机 70 万 kW 的机组投产。

2004 年 4 月,三峡工程三期移民搬建工作已全面展开。三峡工程竣工后,三峡库区将搬迁移民 113 万人,其中重庆 103 万人。根据规划,重庆市三期动迁移民 32.44 万人,迁建工矿企业 304 户,复建各类房屋 942 万 m^2。三期移民工作预计将于 2006 年上半年完成。

2004 年 4 月 30 日,长江三峡工程左岸电站 7 号发电机组正式并网发电。至此,三峡工程已有 8 台 70 万 kW 大型机组投产,日发电量达 1.15 亿 kWh。

2004 年 4 月,全国人大常委会委员长吴邦国视察三峡工地。

2004 年 6 月 8 日,新华社报道,全国对口支援三峡库区工作实施战略转移。今后对口支援工作重点将围绕国家扶持库区发展的四大产业进行,在支援上逐步实现从输血型向造血型、从扶贫型向开发型、从政府主导型向市场行为型、从单方受益型向互惠互利型转变。

2004 年 7 月 6 日,新华社报道,投入 40 亿元的三峡库区二期地质灾害治理工程已基本完成。此项工程已经发挥出三大效益:一是基本消除了受 135 m 水位影响的崩滑体灾害;二是基本消除了受 135 m 水位影响的塌岸灾害;三是消除了大量危及移民迁(复)建工程、城镇、港口码头、公路等的地质灾害。

2004年7月8日,国务院长江三峡二期工程船闸通航验收委员会在三峡工地宣布,三峡船闸已经通过正式通航验收,由试通航转为正式通航。

2004年7月26日,三峡工程第9台投产机组——三峡左岸电站11号发电机组正式并网发电。11号机组发电机转子最大直径为18.74 m,高3.42 m,重1 779 t,加上发电机定子和水轮机的重量,机组总重量在4 900 t左右,是当今世界已投产的水轮发电机组中重量最重的机组。

2004年8月24日,三峡工程左岸电站8号机组正式并网发电。至此,三峡工程已有10台机组投产发电,投产总装机容量达700万 kW,实际装机容量已居世界发电厂第3位,发电能力居全国第一位。三峡工程已经提前完成今年的机组投产计划。

2004年8月26日,重庆奉节县的882名移民踏上赴江西的外迁之路,标志着三峡库区出省市外迁移民工作全部结束。至此,三峡库区已经外迁移民16.5万人。

2004年9月底,三峡枢纽工程已累计完成静态投资393亿元,占投资概算的78.5%。输变电工程累计完成静态投资208亿元,占投资概算的64%。移民搬迁安置工程已经完成移民包干补偿资金静态投资330亿元,占投资概算400亿元的82.5%。

2004年10月12日,《光明日报》报道,历时5年、涉及16.6万人的三峡移民外迁安置工作已正式结束。截至2004年9月,库区政府共组织外迁移民9.6万人,加上重庆市内、湖北省内安置4.5万人,以及自主外迁到20多个省市的2.5万人,共从库区外迁农村移民16.6万人。据统计,三峡农村移民安置在上海、江苏等11个省市的249个县1 062个乡镇2 000多个安置点。外迁移民的生产、生活条件得到落实,承包土地人均达到1亩左右,人均住房面积达到20~25 m^2。

2004年12月8日,长江三峡工程地下电站主体工程首次进行公开招标,拉开了三峡地下电站建设的序幕。三峡地下电站是置发电机组于大坝右侧山体内的隐蔽式电厂,将安装6台70万 kW的发电机组。地下电站于2009年全部建成投产后,将使三峡工程的总装机将由原来设计的26台增加到32台,装机容量由1 820万 kW增加到2 240万 kW。

2004年12月24日,国务院三峡工程建设委员会第十四次全体会议在北京召开。中共中央政治局常委、国务院总理、国务院三峡工程建设委员会主任温家宝主持会议并作重要讲话。温家宝对做好明年三峡工程建设和管理工作提出了明确要求。

2004年12月28日,三峡电力外送的第三条通道——三峡至上海500 kV直流输变电工程在湖北宜都市正式开工。工程将穿过湖北、安徽、江苏、浙江4省,跨越长江、汉江,从三峡电厂直抵上海市青浦区,线路全长1 075 km,工程总投资70亿元,计划于2007年建成完工。

2005年4月5日,三峡库区农村移民外迁工作总结表彰会在重庆万州召开,中共中央政治局委员、国务院副总理、国务院三峡工程建设委员会副主任曾培炎出席会议并讲话。曾培炎指出,三峡库区农村移民出省市外迁安置任务如期完成,充分体现了社会主义集中力量办大事的优越性,体现了中华民族团结互助的精神,在新中国移民史上写下了光辉的一页。

2005年4月16日,新华社报道,三峡地下电站近日通过国家环保部门审评,其右岸地下电站的勘测设计与施工合同已签订。

2005 年 5 月 12 日，新华社报道，三峡工程四项攻关课题荣获 2004 年度国家科学技术进步二等奖。这四项课题分别是：《特大型施工机械运行安全、诊断与优化研究》、《三峡 1 200/125 t桥式起重机研究》、《长江三峡工程二期上游围堰防渗墙施工技术与研究》和《三峡工程明渠导流及通航研究与运行实践》。

2005 年 9 月 16 日，三峡工程左岸 14 台 70 万 kW 机组全部并网运行，提前一年实现了投产发电。中共中央政治局委员、国务院副总理曾培炎出席投产发电仪式并致辞。

2005 年 10 月 12 日，三峡大坝启动导流底孔封堵工程。该工程计划于 2006 年 5 月 15 日前完工。

2005 年 12 月 1 日，三峡重庆库区三期蓄水库底清理工作全面启动，清库工作将为 2006 年汛后三峡工程蓄水至 156 m 做准备。

2005 年 12 月 16 日，历经 55 d 的三峡船闸下引航道、口门区及连接段清淤施工顺利结束，完成疏浚工程量 44 万 m^3，是三峡船闸引航道自 2003 年通航以来清淤量最大的一次。

2006 年 2 月 10 日，新华社报道，到 2005 年底，三峡工程已累计完成静态投资近 430 亿元（超过概算 90%）。左岸大坝已全线达到 185 m 高程，左岸电站 14 台机组（980 万 kW）比设计提前 1 年全部投入运行；右岸大坝浇筑高程已达到 160 m（超过计划 2 m），未发现裂纹和质量问题，右岸电站机组埋件安装全面展开，地下电站主厂房、尾水洞等工程正在抓紧实施，工程质量进一步提高。

2006 年 2 月 10 日，截至当日 10 时，三峡电站累计发电量达到 1 000 亿 kWh，为缓解我国电力紧张局面作出了重要贡献。

2006 年 2 月 10 日，三峡工程三期库底清理工作进入全面实施阶段。

2006 年 3 月 29 日，三峡大坝进入最后的施工建设阶段，离大坝全部建成只剩下约 7.8万 m^3 混凝土。三峡大坝全长 2 309 m，混凝土总方量为 1 610 万 m^3，是世界上规模最大的大坝，设计坝顶高程 185 m。

2006 年 4 月 10 日，新华社报道，国务院三峡工程质量检查专家组第 15 次到三峡工地现场检查。专家组认为，三峡三期工程施工质量完全处于受控状态，左岸机组安装和地下厂房开挖质量很好，右岸大坝没有裂缝，创造了世界奇迹。

2006 年 4 月 13 日，由中宣部、国务院三峡办、中共重庆市委联合主办的三峡移民精神报告会在北京举行。三峡移民精神集中体现了"顾全大局的爱国精神，舍己为公的奉献精神，万众一心的协作精神，艰苦创业的拼搏精神"，是以爱国主义为核心的民族精神和以改革创新为核心的时代精神。

2006 年 4 月 16 日，新华社报道，中国长江三峡工程开发总公司组织 50 多位专家近期进驻工地，开始上游三期围堰基坑进水安全鉴定。

2006 年 4 月 21 日至 24 日，中共中央政治局常委、国务院总理温家宝在重庆考察工作，就重庆经济社会发展及三峡库区移民工作进行深入调查研究。

2006 年 5 月 11 日，由葛洲坝集团机电建设公司承建的三峡右岸电站首台机组定子开始组装，这标志着三峡右岸电站 12 台发电机组进入机电安装阶段。首台组装的是 26 号机组定子，这台机组预计于 2007 年 8 月安装完成。

2006 年 5 月 12 日，国务院总理、国务院三峡工程建设委员会主任温家宝主持国务院三峡工程建设委员会第十五次全体会议，听取三峡办等有关部门的工作汇报，审议批准三峡水库今年汛后蓄水至156 m的工作方案，部署今后一段时期的重点工作。

2006年5月20日，三峡大坝主体工程全面竣工。

2006年6月6日，三峡大坝右岸上游围堰爆破工程在下午引爆，其爆破规模被称为"天下第一爆"。

2006年9月20日，三峡工程开始156 m水位蓄水。

2006年10月27日，三峡水库坝上水位达到156 m高程。

2007年6月11日，右岸22号机组投产发电，是三峡水电站右岸电厂第一台发电的机组，标志着三峡水电站三期工程开始发挥效益。

2008年10月29日，右岸15号机组投产发电，是三峡水电站右岸电厂最后一台发电的机组。至此，三峡水电站26台机组全部投产发电。

2009年6月30日，三峡水电站迎来设计的26台机组全部投产后的首次满负荷发电。

2010年7月19日，三峡水库迎来峰值接近70 000 m^3/s的洪水，其峰值超过1998年洪水的峰值，是三峡工程建成以来迎来的第一次最大规模的洪水。

2010年10月26日，三峡水利枢纽工程首次成功蓄水至175 m水位，这意味着三峡工程的防洪、发电、通航、补水等综合效益开始全面发挥。

（三）综合效益

1. 防洪

三峡大坝建成后，将形成巨大的水库，滞蓄洪水，使下游荆江大堤的防洪能力，由防御十年一遇的洪水，提高到防御百年一遇的大洪水，防洪库容在73亿～220亿m^3。如遇1954年那样的洪水，在堤防达标的前提下，三峡能减少分洪100亿～150亿m^3，荆江至武汉段仍需分洪350亿～400亿m^3。如遇1998年洪水，可有效防御。

2. 发电

三峡水电站是世界最大的水电站，总装机容量1 820万kW。这个水电站每年的发电量，相当于4 000万t标准煤完全燃烧所产生的能量。装机(26+6)×70万(1 820万+420万)kW，年发电846.8(1 000)亿kWh，主要供应华中、华东、华南、重庆等地区。

3. 航运

三峡工程位于长江上游与中游的交界处，地理位置得天独厚，对上可以渠化三斗坪至重庆河段，对下可以增加葛洲坝水利枢纽以下长江中游航道枯水季节流量，能够较为充分地改善重庆至武汉间通航条件，满足长江上中游航运事业远景发展的需要。通航能力可以从现在的每年1 000万t提高到5 000万t。长江三峡水利枢纽工程在养殖、旅游、保护生态、净化环境、开发性移民、南水北调、供水灌溉等方面均有巨大效益。

六、南水北调工程

中国水资源短缺，人均水资源量为2 163 m^3，只有世界人均水平的1/4，且时空分布不均，南方水多，北方水少。黄淮海流域是我国水资源承载能力与经济社会发展矛盾最为突出的地区，人均水资源量462 m^3，仅为全国平均水平的21%，其中京、津两市所在的海河流域人均水资源量仅为292 m^3，不足全国平均水平的1/7。黄淮海流域总人口4.4亿人，约占全国人口的35%,国内生产总值约占全国的35%,人口密度大,大中城市多,在中国经济格局中占有重要地位,而水资源量仅占全国总量的7.2%。由于长期干旱缺水,这一地区有2亿多人不同程度存在饮水困难,700多万人长期饮用高氟水、苦咸水,一批重大工业建设项目难以投资落产,制约了经济社会的发展。由于不得不过度利用地表水、大量超采地下水,挤占农业及生态用水,造成地面下沉、海水入侵、生态恶化。黄淮海流域水污染严重的形势进一步加剧了水资源的短缺。

由于资源性缺水,即使充分发挥节水、治污、挖潜的可能性,黄淮海流域仅靠当地水资源已不能支撑其经济社会的可持续发展。为缓解黄淮海流域日益严重的水资源短缺,改善生态环境,促进黄淮海流域的经济发展和社会进步,中央决定在加大节水、治污力度和污水资源化的同时,从水量相对充沛的长江流域向这一地区调水,实施南水北调工程。

南水北调工程深受各级领导和国内外各界人士的广泛关注。50年来,在党中央、国务院的重视和关怀下,有关部门和单位做了大量的调查、研究、勘测、规划、设计及反复论证工作,在经过近百种方案比选后,提出了从长江下游、中游、上游分别引水的南水北调东、中、西三条调水线路。同时,还对其他调水设想和解决北京市用水的一些应急调水方案进行了研究。

(一)工程规划研究历程

南水北调工程从1952年开始研究至今已半个多世纪,规划研究历程大致可分为五个阶段。

1.探索阶段(1952~1961年)

1952年8月,黄河水利委员会(简称黄委)编写了《黄河源及通天河引水入黄查勘报告》。10月,毛泽东主席视察黄河时,在听取了黄委主任王化云关于从长江引水接济黄河的设想汇报后说:"南方水多,北方水少,如有可能,借点水来也是可以的",提出了南水北调战略构想。

1953年2月,毛泽东主席在视察长江时又谈到了南水北调问题,与当时的长江流域规划办公室(简称长办,1989年6月改为长江水利委员会,简称长委)主任林一山探讨了可能的调水线路。

1957~1958年,长办完成了《汉江流域规划要点报告》和《长江流域综合利用规划要点报告》,提出从长江上、中、下游多点引水,接济黄、淮、海的总体布局。

1958年9月,黄委编写了《金沙江引水线路查勘报告》,初步认为从金沙江引水入黄河可以满足三门峡以上地区缺水要求。

1955~1958年,中央先后在四次全国性会议上提到南水北调。1955年3月,邓子恢副总理在一届人大二次会议上指出:黄河本身水量不足,需要考虑从汉江或其他邻近河流引水补充黄河水量。在1958年3月中央成都会议上,毛泽东主席说:"打开通天河、白龙江,借长江水济黄,丹江口引汉济黄,引黄济卫同北京连起来了。"1958年春,国务院副总理谭震林在西北六省(区)治沙会议上,提出从金沙江调水的设想;同年8月,北戴河中央政治局扩大会议明确提出"全国范围的较长远的水利规划,首先是以南水北调为主要目的,即江、淮、河、汉、海各流域联系为统一的水利系统的规划……应加速制订"。

1962年以后,黄淮海平原大面积引黄灌溉和平原蓄水,造成严重的土壤次生盐碱化,南水北调的规划与研究工作被搁置。

2. 以东线为重点的规划阶段(1972~1979年)

1972年华北地区大旱。1973年7月国务院召开北方17省(区、市)抗旱会议后,水电部组成南水北调规划组,研究从长江向华北平原调水的近期调水方案,于1974年7月、1976年3月分别提出了《南水北调近期规划任务书》和《南水北调近期工程规划报告》。选择了以东线作为南水北调近期工程,并以京杭运河为输水干线送水到天津作为东线近期工程的实施方案。

1978年10月,水电部成立了南水北调规划办公室(1979年水、电分部后,水利部又成立了南水北调规划办公室,均简称南办),对南水北调工程进行统筹规划和综合研究。

3. 东、中、西线规划研究阶段(1980~1994年)

1980年和1981年,海河流域发生了连续两年的严重干旱,国务院决定:官厅、密云水库不再供水给天津和河北,临时引黄接济天津,加快建设引滦工程。国家计划"六五"期间要实施南水北调工程。

1)东线

1983年2月,水电部将《关于南水北调东线第一期工程可行性研究报告审查意见的报告》报国家计委并报国务院。建议东线工程先通后畅、分步实施,第一期工程暂不过黄河,先把江水相机送入东平湖。

同月,国务院第11次会议决定,批准南水北调东线第一期工程方案,并下发了《关于抓紧进行南水北调东线第一期工程有关工作的通知》。

1985年4月,水电部向国家计委上报了《南水北调东线第一期工程设计任务书》。

1988年5月,国家计委将《关于南水北调东线第一期工程设计任务书审查情况的报告》报国务院,认为工程方案没有总体规划,建议水电部抓紧编制东线工程的全面规划和分期实施方案,补充送水到天津的修改方案,再行审批。李鹏总理批示:同意国家计委的意见,南水北调必须以解决京津华北用水为主要目标。

按此精神,水利部南办于1990年5月和11月分别提出了《南水北调东线工程修订规划报告》和《南水北调东线第一期工程修订设计任务书》。1991~1992年组织开展了东线第一期工程总体设计,于1992年12月编制完成了《南水北调东线第一期工程可行性研究修订报告》。

在这个阶段,江苏省结合京杭运河续建工程,初步建成江水北调工程体系;1986年4月至1988年1月水利部天津勘测设计院(简称天津院)完成了东线穿黄勘探试验洞的开挖任务,查明了工程地质条件,落实了穿黄隧洞的施工方法,基本解决了东线过黄河的关键技术问题。

2)中线

1980年4~5月,水利部组织国家有关部、委和省(市)对中线进行了全线查勘。

长办于1987年完成了《南水北调中线工程规划报告》,1988年9月报送了《南水北调中线规划补充报告》和《中线规划简要报告》。

1990年8~9月,国家计委会同水利部对中线工程进行考察,与湖北省、河南省就丹江口水库大坝加高的调水方案取得共识。

1991年长委编制了《南水北调中线工程规划报告(1991年9月修订)》及《南水北调中线工程初步可行性研究报告》。

1992年3月,国家计委组织召开了南水北调研讨会,邹家华副总理到会作了重要讲话,提出由中线工程解决湖北、河南、河北、北京、天津的缺水问题,要求加强和加快中线工程的前期工作。

1992年底,长委完成了《南水北调中线工程可行性研究报告》。

1994年以后,长委陆续开展了丹江口水库大坝加高工程和总干渠工程的初步设计工作。

3)西线

1978年、1980年和1985年黄委三次组织从通天河、雅砻江、大渡河引水入黄河线路的查勘,并提出查勘报告。

1987年,黄委根据国家计委的要求,开展西线工程超前期工作。黄委于1989年、1992年和1996年分别提出了《南水北调西线工程初步研究报告》、《雅砻江调水工程规划研究报告》和《南水北调西线工程规划研究综合报告》。1996年起西线进入工程规划阶段。

4.论证阶段(1995~1998年)

1995年6月,国务院第71次总理办公会议专门研究了南水北调问题,指出:南水北调是一项跨世纪的重大工程,关系到子孙后代的利益,一定要慎重研究,充分论证,科学决策。遵照会议纪要精神,水利部成立了南水北调论证委员会。1996年3月底,论证委员会提交了《南水北调工程论证报告》(以下简称《论证报告》),建议"实施南水北调工程的顺序为:中线、东线、西线"。

经国务院批准,1996年3月成立了由邹家华副总理任主任的南水北调工程审查委员会,对《论证报告》进行审查。1998年初完成《南水北调工程审查报告》(以下简称《审查报告》)并上报国务院。《审查报告》同意《论证报告》提出的主要结论意见,按照中、东、西线的顺序实施南水北调工程,但部分专家仍对一些问题存有疑虑和不同意见。

5.总体规划阶段(1999~2002年)

1998年,江泽民、朱镕基等党和国家领导人对我国水资源问题作了重要批示。江泽民总书记指出:"南水北调的方案,乃国家百年大计,必须从长计议、全面考虑、科学比选、周密计划。"

水利部于1999年5月撤销水利部南水北调规划办公室,成立水利部南水北调规划设计管理局(简称调水局)。

1999~2001年,北方地区再次发生连续的严重干旱,京、津地区和胶东地区严重缺水,天津市被迫实施第六次引黄应急。社会各界对北方地区水资源短缺的严峻形势达成共识,迫切希望尽早实施南水北调工程。水利部于2000年7月组织编制了《南水北调工程实施意见》。

2000年9月6日,温家宝副总理听取了南水北调工程工作汇报并指出,要"采取多种方式缓解北方地区缺水矛盾,加紧南水北调工程的前期工作,尽早开工建设"。

2000年9月27日,朱镕基总理主持召开国务院南水北调工程座谈会。朱镕基指出,南水北调工程是解决我国北方水资源严重短缺问题的特大型基础设施项目,必须正确认识和处理实施南水北调工程同节水、治理水污染与保护生态环境的关系,务必做到先节水后调水、先治污后通水、先环保后用水,南水北调工程的规划和实施要建立在节水、治污及生态环境保护的基础上。朱镕基还强调,南水北调工程的实施势在必行,但是各项前期准备工作一定要做好。关键在于搞好总体规划,全面安排,有先有后,分步实施。

2000 年 10 月,党的十五届五中全会通过的《关于制定国民经济和社会发展第十个五年计划的建议》中指出,为缓解北方地区缺水矛盾,要“加紧南水北调工程的前期工作,尽早开工建设”。

按照中央的要求和朱镕基总理“三先三后”的指示精神,国家计委、水利部于 2000 年 12 月 21 日在北京召开了南水北调工程前期工作座谈会,布置南水北调工程总体规划工作。

按照新的要求,水利部组织开展了南水北调工程总体规划工作,提出南水北调工程东、中、西线与长江、淮河、黄河、海河构成“四横三纵”的总体布局。淮委和海委提出了东线工程修订规划,长委提出了中线工程修订规划,黄委完成了西线工程规划。

(二)东线工程方案

1. 过黄河到天津方案

《1976 年规划报告》推荐的东线调水方案送水过黄河至天津,供水范围包括苏北、安徽的洪泽湖周边地区、南四湖的鲁西南和鲁北地区,并向河北的黑龙港、运东地区和天津市供水。供水目标以农业为主,向城市补充供水,结合航运。多年平均抽江水量 190 亿 m^3,抽江流量 1 000 m^3/s,过黄河 600 m^3/s,到天津 100 m^3/s。

黄河以南输水干线主要利用京杭运河及与其平行的输水河道,沿线设 1 级提水泵站,并利用高邮湖、洪泽湖、骆马湖、南四湖、东平湖等湖泊进行调蓄;出东平湖后在山东解山与位山间以隧洞方式穿越黄河,黄河以北新辟位临运河,平交入卫运河、南运河、马厂减河,到天津入北大港水库。从临清向西新开黑龙港引江渠,向邢台、衡水、沧州等地区供水。

该方案是南水北调东线工程的基本方案,以后提出的各种调水方案多是该方案的补充、完善或分期、分步实施。

2. 过黄河到天津、北京方案

《1990 年修订规划》提出的东线调水方案在《1976 年规划报告》方案的基础上,以京津地区城市用水为主要供水目标,减少农业用水,增加向北京、胶东补水。近期工程规模为抽江水量 1 000 m^3/s,多年平均抽江水量为 191.5 亿 m^3;过黄河 400 m^3/s,水量为 80.1 亿 m^3;到天津 180 m^3/s。

1992 年 12 月,水利部南办提出《南水北调东线第一期工程可行性研究修订报告》,以城市生活、工业和航运用水为主,结合改善农业灌溉条件。第一期工程以 2000 年为设计水平年,确定抽江规模为 600 m^3/s(多年平均抽江水量为 91.4 亿 m^3),过黄河 200 m^3/s,到天津 100 m^3/s,进北京 17 m^3/s。

3. 过黄河到天津、胶东方案

《1996 年论证报告》提出分三步实施《1990 年修订规划》中的近期工程方案,并把向胶东地区主要城市供水的任务列入东线工程。明确近期供水目标为解决天津、胶东和沿线其他城市的生活与工业用水，适当兼顾沿线农业和其他用水。工程规模：第一步，抽江 500 m^3/s（水量 59.9 亿 m^3），进东平湖 100 m^3/s，供胶东 50 m^3/s；第二步，抽江 700 m^3/s（水量 109.5 亿 m^3），过黄河 250 m^3/s，到天津 150 m^3/s，供胶东 50 m^3/s；第三步，抽江 1 000 m^3/s（水量 180 亿 m^3），过黄河 400 m^3/s，到天津 250 m^3/s，供胶东 80 ~ 95 m^3/s。

《2001 年修订规划》按照“三先三后”的原则，突出了水污染防治，并进一步完善了分期实施方案，规划分三期实施，第一期工程只供水到山东省，抽江规模 500 m^3/s（水量 89 亿 m^3），过黄河 50 m^3/s，供胶东 50 m^3/s。第二期工程在东平湖水质达到国家地表水Ⅲ类水质标准的条件下实施，抽江流量达到 600 m^3/s（水量 105.9 亿 m^3），向天津供水 5 亿 m^3，向胶东地区供水水量及流量同第一期。一、二期工程计划于 2010 年前建成。第三期工程抽江流量达到 800 m^3/s（水量 148.2 亿 m^3），过黄河 200 m^3/s，向天津供水 10 亿 m^3，向胶东地区供水 221.3 亿 m^3（流量 90 m^3/s）。

4. 进东平湖、不过黄河方案

本着分期实施、先通后畅的原则，结合治淮和航运要求，《1983 年可研报告》提出了先把长江水相机送入东平湖的东线第一期工程方案。工程规模：抽江 500 m^3/s（水量 50 亿 m^3），进东平湖 50 m^3/s。1984 年完成的《南水北调东线第一期工程设计任务书》将抽江规模调整至 600 m^3/s（水量 64.7 亿 m^3）。

（三）中线工程方案

有关单位或专家研究和提出过的中线工程方案与设想有 50 余种，对水源地、调水规模、输水线路和输水方式等进行了不同的组合。这里仅介绍部分具有代表性的方案。

1. 丹江口水库不加坝、全线明渠输水方案

该方案丹江口水库正常蓄水位维持现状 157 m，极限死水位降至 130 m，采用自流方式输水。

20 世纪 90 年代以前，该方案研究的供水范围涉及北京、河北、河南和湖北，年调水量 96 亿 m^3，总干渠渠首规模 500 m^3/s，进北京 40 m^3/s。

1996 年的《中线论证报告》，供水范围增加了天津市，总干渠渠首规模 630 m^3/s，年调水量 106 亿 m^3。

2001 年修订规划的供水目标是沿线的城市生活和工业用水，供水范围包括北京、天津、河北、河南、湖北。研究了总干渠渠首设计流量 350 m^3/s、加大流量 420 m^3/s 的方案，该方案在渠首设一级泵站或二级泵站的前提下，年调水量分别为 81 亿 m^3 和 88 亿 m^3。北京、天津段设计流量 60 m^3/s，加大流量 70 m^3/s，年供水量 10 亿 m^3。

2. 丹江口水库加坝、全线明渠输水方案

该方案是 1991 年《南水北调中线工程规划报告》、1996 年《南水北调中线工程论证报告》的推荐方案，2001 年中线工程修订规划时又进行了研究。该方案的特点是丹江口水库大坝一次加高至 176.6 m，正常蓄水位提高到 170 m，全线明渠自流输水。在不同阶段，提出的渠首规模和汉江中下游工程项目不同。

1991 年中线工程规划推荐：总干渠渠首规模 630 m^3/s，不考虑通航，增加了向天津供水线路。穿黄位置在牛口峪，推荐渡槽方案，不否定隧洞方案。调水量 150 亿 m^3，过黄河 90 亿 ~ 100 亿 m^3。汉江中下游建设兴隆枢纽和局部闸站改造工程。

1996 年论证报告推荐:供水目标为沿线的城市生活和工业用水,兼顾农业和生态用水,供水范围为北京、天津、河北、河南和湖北。穿黄工程推荐孤柏嘴隧洞方案。渠首设计流量 630 m^3/s(加大 800 m^3/s),年调水量 121 亿 ~ 150 亿 m^3;过黄河设计流量 500 m^3/s,北京、天津段设计流量 60 m^3/s(加大 70 m^3/s),水量各 12 亿 m^3。汉江中下游建设碾盘山枢纽和局部闸站改造,并增加了引江济汉工程。

2001 年修订规划研究的方案:供水目标为沿线的城市生活和工业用水,供水范围为北京、天津、河北、河南。在孤柏嘴以隧洞或渡槽形式穿越黄河,扩建瀑河调蓄水库。总干渠分期建设,第一期渠首设计流量 350 m^3/s(加大 420 m^3/s),年调水量 95 亿 m^3;过黄河设计流量 265 m^3/s,北京、天津段设计流量分别为 60 m^3/s 和 50 m^3/s,水量 10 亿 m^3 和 8 亿 m^3。汉江中下游建设引江济汉工程和兴隆枢纽,改扩建部分闸站,整治局部航道工程。第二期工程调水量达 130 亿 m^3。

3. 丹江口水库加坝、明渠结合局部管涵输水方案

该方案为 2001 年修订规划推荐方案。第一期工程为丹江口水库大坝按正常蓄水位 170 m 加高,汉江中下游建设四项治理工程,陶岔至北拒马河采用明渠,长 1 192 km,渠首设计流量 350 m^3/s,加大流量 420 m^3/s,年调水量 95 亿 m^3。北京和天津段的终点分别由玉渊潭、西河闸延伸到团城湖、外环河,线路长度分别为 75 km 和 154 km,部分采用管涵输水,设计流量分别为 60 m^3/s 和 50 m^3/s,水量分别为 10 亿 m^3 和 8 亿 m^3。第二期工程调水量扩大到 130 亿 m^3。

4. 全线管涵输水方案

该方案管线布置基本不受地形条件的制约,采用有压方式输水,从陶岔渠首至北京团城湖线路全长 1 060 km。渠首规模分别研究了 150 m^3/s、250 m^3/s 和 300 m^3/s,年调水量分别为 40 亿 m^3、60 亿 m^3 和 82 亿 m^3。

5. 黄河以北高、低线输水方案

该方案黄河以南与明渠方案同,黄河以北分高、低线输水。高线专门给沿线城市和工业供水,终点为北京,供水保证率高;低线将剩余的水量沿规划的引黄入淀线路输水至白洋淀,补充生态和农业用水。重点研究了陶岔渠首规模 630 m^3/s 的高、低线方案。过黄河后高、低线设计流量分别为 265 m^3/s、175 m^3/s。

6. 丹江口水库大坝按正常蓄水位 161 m 加高方案

1996 年,长委研究了将丹江口水库正常蓄水位抬高到 161 m 的方案,相应的汛限水位为 154 ~ 157 m。最近又有专家提出丹江口水库大坝按正常蓄水位 161 m 加高,陶岔渠首建一级泵站,汉江中下游实施兴隆枢纽、部分闸站改造和局部航道整治 3 项治理工程,同时建设汉江支流堵河上的潘口和长江支流大宁河上的剪刀峡水库,并在剪刀峡水库和大宁河三峡库区建设两级泵站,与已建的黄龙滩水电站、丹江口水库联合调度向北方供水。并建议将调水与加坝移民分离,将丹江口水库大坝加高和移民安置工程作为防洪项目单独立项建设。

(四)西线工程方案

1. 初期阶段研究(1952 ~ 1961 年)的主要方案

本阶段研究的主要代表性方案有:金沙江玉树—积石山、金沙江石鼓—渭河和怒江沙

布一定西方案。方案的特点是调水量大,多数方案几乎全部截引调水河流的径流,对生态环境的不利影响大;输水均采用明渠自流,工程线路长,工程量巨大,技术难度高。

2. 中期阶段研究(1978 ~ 1985 年)的主要方案

该阶段主要研究自通天河、雅砻江、大渡河三条河上游调水至黄河上游,有多条河流联合引水和单独引水等多种方案,代表性方案有:雅砻江热巴—贾曲联合调水、通天河联叶—贾曲联合调水、通天河歇马—约古宗列曲、雅砻江宜牛—热曲、大渡河年弄—沙柯河等方案。

这些方案的主要特点是:引水线路海拔高,一般在 3 800 m 以上,最高达 4 220 m,施工难度相对较大;调水量比初期研究阶段减少,三条河调水量 200 亿 m^3,对生态环境影响较小。

3. 超前期阶段研究(1987 ~ 1996 年)的主要方案

该阶段通过对百余个方案和引水线路比选,提出了通天河、雅砻江、大渡河三条河调水的 8 个代表性方案,即通天河引水的歇马—扎陵湖、联叶—建设、同加—雅砻江—黄河和雅砻江引水的温波—黄河、长须—恰给弄自流引水方案,以及通天河引水的治家—多曲、雅砻江引水的长须—达日河和大渡河引水的斜尔尕—贾曲抽水方案。各方案调蓄水库的坝高在 152 ~ 348 m,以隧洞输水为主,三条河年总调水量 195 亿 m^3。

4. 规划阶段研究(1996 年以后)的主要方案

本阶段对西线工程的布局、可调水量、供水范围和工程方案都进行了深入研究。提出的通天河、雅砻江和大渡河各调水方案的调蓄水库坝高在 63 ~ 292 m,坝型均为钢筋混凝土面板堆石坝,输水工程由以明渠为主改为以隧洞为主,隧洞长 48 ~ 490 km,引水线路海拔下降到 3 500 m。工程技术难度降低,施工及运行条件改善,现实可行性加大。

经方案比选,2001 年黄委完成的西线工程规划推荐方案为:从大渡河调水的达曲—贾曲联合自流线路、从雅砻江调水的阿达—贾曲自流线路和从通天河调水的侧仿—雅砻江—贾曲自流线路组合的总体布局,共调水 170 亿 m^3。该方案具有自流、集中、下移的特点,施工难度较小,运行管理相对方便,并能较好地与后续水源衔接。

规划推荐达曲—贾曲联合自流线路为第一期工程,调水量 40 亿 m^3;雅砻江阿达—贾曲自流方案为第二期工程,调水量 50 亿 m^3;通天河侧仿—雅砻江—贾曲自流线路为第三期工程,调水量 80 亿 m^3。

(五)大西线调水及小江抽水设想

1. 黄委西线后续水源设想

黄委在西线规划中初步研究了从澜沧江、怒江等河流引水的后续水源工程。分高、低线两个方案,高线调水 170 亿 m^3,低线调水 200 亿 m^3,推荐低线方案。全线自流引水,建坝 4 座,最大坝高 335 m,引水线路长 281 km,末端入通天河。

2. 长委西部调水工程设想

设想在怒江上建水库,与澜沧江、金沙江、雅砻江、大渡河上的一系列水库串联在一起,形成一个巨大的水系水库群,采取自流加抽水的方式,总调水量约 800 亿 m^3。引水入黄河后,再从大柳树水利枢纽,开挖南、北两大干渠向西北引水。或在大柳树枢纽兴建前,利用大柳树处天然河道 1 200 m 高程等高线向北穿越腾格里沙漠、乌兰布和沙漠及巴丹吉林沙漠,向天山以北送水;向南沿1 400 m高程等高线在祁连山和新疆南部的阿尔金山脚下开挖运河引水至塔克拉玛干大沙漠和吐鲁番盆地。大柳树以上的总干渠长1 410 km(其中隧洞216 km),供水区南、北干渠分别长2 500 km和3 000 km。

3. 藏水北调设想

有专家设想在雅鲁藏布江大峡谷处裁弯取直,在黄河阿尼玛卿山大弯道处裁弯取直,建设两座超大型水电站,然后利用此电能抽水。总调水量435亿 m^3,解决大西北地区工农业、城镇生活和生态环境用水。

线路终点有两个,一个是在西宁附近入黄河,另一个进塔里木盆地。线路总长1 235 km,抽水总扬程1 800 m。

4. 青海99课题组设想

设想借鉴三峡工程依托葛洲坝工程为母体的经验,以黄河上游已建成的龙羊峡、李家峡等水电站为基础,同步建设公伯峡、拉西瓦等水电站。将调水工程和水电梯级同步推进,以互动方式滚动发展。调水总规模达到1 100亿 m^3。

引水线路自雅鲁藏布江开始,连接怒江、澜沧江、通天河、雅砻江、大渡河到黄河支流贾曲。从怒江引水到黄河线路总长800多km,全为隧洞。

5. 朔天运河调水设想

朔天运河的设想者最初设想是从山西朔州的黄河万家寨引水到天津出海,运输煤炭。后变为从雅鲁藏布江"朔玛滩"引水串联怒江、澜沧江、金沙江、雅砻江、大渡河到黄河支流贾曲入黄河的朔天运河大西线南水北调设想,年调水量2 006亿 m^3。供水到青海、甘肃、新疆、宁夏、内蒙古、山西、陕西、河北、河南、山东、北京、天津、辽宁、吉林、黑龙江等省(区、市),主要用于农业灌溉、改造沙漠、通航、发电、旅游、黄河冲沙入海等。

6. 小江抽水设想

有专家设想从长江三峡库区的支流小江上提水过大巴山、秦岭到渭河,然后自流入黄河,多年平均引水量150亿 m^3,引水流量为600 m^3/s,扬程400 m。为了减少引水对三峡、葛洲坝发电及航运的影响,引水时段尽量安排在汛期;枯水期尽量少引或不引。设想替代南水北调东线、中线和部分西线的供水范围。

(六)北京市应急补水方案

20世纪90年代以来,作为京、津两大城市主要供水水源的密云、潘家口等水库,由于连年来水不丰,经常在死水位上下运行。社会各界十分关注在南水北调中线工程建成以前如何解决北京市水资源短缺问题,并提出许多解决的对策和应急措施。

1. 引拒济京工程

从拒马河引水供北京,设计引水流量10 m^3/s,不建张坊水库,多年平均引水量1亿 m^3;建张坊水库,多年平均引水量1.7亿 m^3,有自流引水和低压埋管扬水两种方案,线路全长40~42 km。河北省考虑本省水资源已经十分短缺,不同意再从缺水的河北省调水及修建张坊水库。

2. 引黄入淀工程

原规划引黄入淀工程作为兴建引拒济京工程对河北省的补偿工程,引水口在黄河白坡,终点为白洋淀。1999年又研究了引水口与规划的黄河西霞院水利枢纽的灌溉引水闸相结合的方案，总引水量20亿 m^3，引水规模200 m^3/s。输水总干渠线路全长735 km。

3. 西霞院引黄济京工程

从西霞院坝下引水至黄河北岸北平皋，接中线工程黄河以北总干渠，直接给北京供水。规划总引水量约45亿 m^3，分配北京市8.6亿 m^3，天津市8.6亿 m^3，河北省18.5亿 m^3，河南省9.5亿 m^3。引水规模为200 m^3/s，引水时间需8.5个月。从西霞院渠首至北京线路总长844 km，天津干渠与中线工程规划相同。从黄河引水45亿 m^3 的前提是：通过南水北调中线工程将汉江水送入黄河50亿 m^3，或直接向黄河南岸引黄灌区供水，替换出25亿 m^3（加上原来分配给河北、天津的20亿 m^3 黄河水量，共45亿 m^3）。

4. 万家寨引黄济京工程

曾研究过利用山西省万家寨引黄工程向北京补水方案和万家寨引黄济京专线方案。利用万家寨引黄工程方案，从山西省的引黄指标中调剂2亿 m^3 或3亿 m^3 水量；专线引黄方案引水口设计流量56 m^3/s，引水量为13.7亿 m^3。通过桑干河、永定河向北京市供水。线路长约500 km，其中利用天然河道400 km。

5. 白洋淀向北京补水工程

提出白洋淀向北京补水方案的背景是南水北调东线工程先于中线工程开工建设。线路包括两段：从卫运河和平闸经卫千渠、千顷洼、滏阳新河到白洋淀段和白洋淀到北京玉渊潭段，共长369 km。白洋淀到玉渊潭段长98 km，输水方式可以采用明渠或埋管，规划引水量3亿 m^3，设4级泵站扬水，总扬程179 m。

6. 引滦济潮工程

引滦济潮工程包括兴建滦河大坝沟门水库及向潮河密云水库输水线路两部分，采用枯水年份限制北京市引水，特枯年份先保证天津、唐山市区用水的引水方案，多年平均向北京市引水2.1亿 m^3。

大坝沟门水库总库容4亿 m^3，线路长160 km。

引滦济潮后，为了不影响河北省滦河下游灌区的用水，需兴建津唐运河补偿工程，将南水北调东线供北方的3.5亿 m^3 水量通过津唐运河送到滦河下游灌区。河北省、天津市都不同意兴建该工程。

7. 潘家口、大黑汀水库引滦济京工程

规划年引水4亿 m^3，引水流量15.5 m^3/s。输水线路采用双向输水隧洞方案，洞长108 km。从潘家口到密云水库为自流输水，反之则采用增压输水。该方案可以实现密云、潘家口、大黑汀三库联合调节，但河北省、天津市对该工程都持否定态度。

8. 南水北调东线向北京补水工程

以南水北调东线工程输水至唐官屯或天津为前提，研究过西河闸埋管、北运河输水和龙河输水向北京补水工程等方案，年补水量3亿 m^3。

西河闸埋管方案线路：在西河闸上沿西北方向埋管扬水，经立垡入永定河引水渠至玉渊潭，全长176 km，设计扬程180 m。

北运河输水方案线路：沿南运河、子牙河、永清渠入永定河中泓故道至屈家店闸上进入北运河，再由北运河逐级扬水到榆林庄闸下，然后埋管到北京市南护城河再扬水至玉渊潭，线路全长233 km，设计总扬程142 m。

龙河输水方案线路:沿南运河、永清渠尾建泵站扬水入增产河、永定河主河槽至龙河干流,再新开渠道与天堂河连接至埝坛,然后利用钢筋混凝土压力管道穿过北京市区入玉渊潭,输水线路总长 199 km,总扬程 108 m。

(七)工程总体布局

经过20世纪50年代以来的勘测、规划和研究,在分析比较50多种规划方案的基础上,分别在长江下游、中游、上游规划了三个调水区,形成了南水北调工程东线、中线、西线三条调水线路。通过三条调水线路,与长江、淮河、黄河、海河相互连接,构成我国中部地区水资源"四横三纵、南北调配、东西互济"的总体格局。

1. 东线工程

利用江苏省已有的江水北调工程,逐步扩大调水规模并延长输水线路。东线工程从长江下游扬州江都抽引长江水,利用京杭大运河及与其平行的河道逐级提水北送,并连接起调蓄作用的洪泽湖、骆马湖、南四湖、东平湖。出东平湖后分两路输水:一路向北,在位山附近经隧洞穿过黄河,输水到天津;另一路向东,通过胶东地区输水干线经济南输水到烟台、威海。一期工程调水主干线全长 1 466.50 km,其中长江至东平湖 1 045.36 km,黄河以北 173.49 km,胶东输水干线 239.78 km,穿黄河段 7.87 km。规划分三期实施。

2. 中线工程

从加坝扩容后的丹江口水库陶岔渠首闸引水,沿线开挖渠道,经唐白河流域西部过长江流域与淮河流域的分水岭方城垭口,沿黄淮海平原西部边缘,在郑州以西李村附近穿过黄河,沿京广铁路西侧北上,可基本自流到北京、天津。输水干线全长 1 431.945 km(其中,总干渠 1 276.414 km,天津输水干线 155.531 km)。规划分两期实施。

3. 西线工程

在长江上游通天河、支流雅砻江和大渡河上游筑坝建库,开凿穿过长江与黄河分水岭巴颜喀拉山的输水隧洞,调长江水入黄河上游。西线工程的供水目标,主要是解决涉及青海、甘肃、宁夏、内蒙古、陕西、山西等6省(区)黄河上中游地区和渭河关中平原的缺水问题。结合兴建黄河干流上的大柳树水利枢纽等工程,还可以向邻近黄河流域的甘肃河西走廊地区供水,必要时也可相机向黄河下游补水。规划分三期实施。

三条调水线路互为补充,不可替代。本着"三先三后"、适度从紧、需要与可能相结合的原则,南水北调工程规划最终调水规模448亿 m^3,其中东线148亿 m^3,中线130亿 m^3,西线170亿 m^3,建设时间需40~50年。整个工程将根据实际情况分期实施。

第三节 国外著名的水利工程

一、阿斯旺水利枢纽

(一)大坝概况

阿斯旺水利枢纽(Aswan Project)是位于埃及尼罗河上的一座大型水电工程。阿斯旺高坝位于开罗以南约 800 km 的阿斯旺城附近,距下游老阿斯旺坝 7 km。阿斯旺高坝坝基为花岗片麻岩。河床覆盖层很厚,最深处达 225 m。大坝将尼罗河拦腰截断,从而使河水向上回流 500 km，形成蓄水量达 1 640 亿 m^3 的人工湖，称为纳赛尔水库。

老的阿斯旺大坝最早于 1898～1902 年建造，用于灌溉和发电。到 20 世纪 60 年代，该坝已不能适应土地灌溉和电力供应的需要，于是埃及政府在旧坝上游开始修建现在的大坝，于 1971 年完成。阿斯旺大坝最高库水位 183 m 时，长 3 830 m，宽 40 m，库容量达到 1.689 亿 m^3，有效库容 900 亿 m^3，装机容量 210 万 kW。可进行多年调节，并可拦蓄上游来沙。

阿斯旺水利枢纽是世界特大型水利枢纽工程之一。它可以平定洪水，贮存足够用几年的富余水量。20 世纪 80 年代尼罗河流域曾发生严重干旱，苏丹及埃塞俄比亚发生饥荒，但埃及却因有此大坝而幸免于难。目前，大坝的发电量能够保证全国大部分的用电需要。

阿斯旺水坝由主坝、溢洪道和发电站三部分组成。大坝所使用的建筑材料约 4 300 万 m^3，其体积相当于开罗西郊胡夫大金字塔的 17 倍，堪称世界七大水坝之一。大坝东端有观景台可供观赏大坝及水面景观。

（二）工程布置和施工特点

大坝为黏土心墙堆石坝，最大坝高 111 m，坝顶长 3 830 m，坝体积 4 430 万 m^3。水电站布置在右岸，装有 12 台单机容量 17.5 万 kW 的机组，总容量 210 万 kW。施工时用 6 条直径 15 m、长 315 m 的隧洞导流，其上游有引水明渠，下游有泄水明渠，明渠全长 1 950 m，深 80 m，最小宽度 40 m，可通过 11 000 m^3/s 的流量。施工后期，导流隧洞改建成发电和泄洪共用的引水洞。厂房布置在引水洞末端。每条洞向 2 台机组和底部泄洪孔供水。引水明渠和泄水明渠则相应成为电站引水渠和尾水渠。

坝基防渗帷幕灌浆深约 170 m，只达到第三纪不透水层，未达到基岩。帷幕上部宽 40 m，共 8 排灌浆孔，下部宽度减少到 5 m。两岸灌浆帷幕深 65 m，总灌浆面积 54 700 m^2。

用黏土、水泥、膨润土以 3～6 MPa 的压力灌注，灌浆总量约 67 万 m^3。围堰和坝体下部均在水下直接施工。首先向深水抛投块石 340 万 m^3，最高月强度 40 万 m^3。然后用水力冲填法将砂填入，共用砂 1 400 万 m^3，最高月强度达 100 万 m^3。采用特制的插入式深层振捣器将砂振实。

工程于 1960 年开工，1967 年 10 月开始发电，1971 年全部竣工。

（三）工程效益

阿斯旺水利枢纽是集防洪抗旱、灌溉、发电、航道改造于一体的综合利用工程。水库有 410 亿 m^3 的防洪库容，加上容量为 1 196 亿 m^3 的分洪区（分洪道在上游 250 km 的左岸岸边），可完全控制尼罗河洪水，成功地经受了 1964 年、1975 年和 1988 年的大洪水。设计年发电量约 100 亿 kWh，1996 年 8 月埃及政府完成了对阿斯旺水电站的现代化改造，使埃及在此后的 30 年内可获得可靠的电力。每年可引用的水量从原有的 520 亿 m^3 提高到 740 亿 m^3。水量中分配给苏丹使用的为 185 亿 m^3，可灌溉农田 200 万 hm^2。其余水量分配给埃及，可扩大灌溉面积 100 万 hm^2，并使埃及约 40 万 hm^2 农田由一季灌溉改为常年灌溉。

水库移民 12 万人，移民投资占总投资的 25%。库区内的文物和阿布辛拜勒神庙（Abu Simbel Temple）均安全迁移，新庙址已辟为旅游点。

二、胡佛大坝

胡佛坝(Hoover Dam,又称 Boulder Dam)位于美国亚利桑那州的西北部,93 号洲际高速公路上,内华达州及亚利桑那州的西北部交界处,从拉斯维加斯出发向东南方向行驶约 40 km 处,为美国最大的水坝,并被赞誉为“沙漠之钻”。工程庞大,建成后对工农业发展起着巨大的作用。因此,它在世界水利工程行列中占有重要的地位。胡佛水坝的建造耗费了大量资金,动员了大批人力,于 1936 年竣工并交付使用。它是一座拱门式重力人造混凝土水坝。这样巨大的水坝在世界上是不多见的,它宛如一条巨龙盘卧在大地上,显得十分威武,至今仍然是世界高坝中长度最短的大坝。

(一)地理水文

胡佛大坝基岩为坚硬的安山岩、角砾岩。河床狭窄、两岸陡峭。低水位到基岩的深度为 33 ~40 m,最低点为 42.4 m,低水位的水面宽度为 88 ~ 113 m。坝址处流域控制面积 43.25 万 km^2,占总流域面积的69%。水库面积 663.7 km^2。坝址处最大年径流量 274 亿 m^3,多年平均径流量 160 亿 m^3。

(二)枢纽布置

工程主要建筑物有拦河坝、导流隧洞、泄洪隧洞和电站厂房。

拦河坝为混凝土重力拱坝,坝高 221.4 m,坝顶长 379 m,坝顶宽 13.6 m,坝底最大宽度 202 m,坝顶半径 152 m,中心角 138°,坝体混凝土浇筑量为248.5 万 m^3。左右岸各有 2 条直径为 15.25 m 的导流隧洞,总长 4 860 m,导流流量为 5 670 m^3/s,左岸两条隧洞于 1932 年 11 月先建成过水。

左右岸各设置 1 条泄洪隧洞,进水口各由 4 扇 4.9 m×30.5 m 的弧形闸门控制。泄洪隧洞由导流隧洞后半段改建而成,直径为 15.2 m,用混凝土衬砌,长 671 m,最大流速 53.4 m/s,溢洪道总泄流能力可达 11 400 m^3/s。

另外两条导流洞改建为发电引水隧洞,兼作辅助泄洪隧洞用。辅助泄洪隧洞是在引水隧洞末端设 6 根 3.96 m 的钢管,其总泄量为 2 577 m^3/s。

左右岸各设一座岸边地面式厂房,各长 198 m,厂房顶高出正常尾水位 45.7 m。左右岸各 2 条发电引水隧洞(各有 1 条由导流洞改成)分成 8 条压力钢管,其中一条又分成两条,共 17 条压力钢管,向 17 台水轮机供水。目前,电站装机容量已达 207.4 万 kW,其中 13 台 13 万 kW,2 台 12.7 万 kW,1 台 6.85 万 kW,1 台 6.15 万 kW。

(三)大坝施工

胡佛大坝建在深窄峡谷内,坝基基岩为坚硬的安山岩、角砾岩。坝基设置水泥灌浆帷幕和排水孔,对上游剪力带进行灌浆加固。大坝施工采用柱状浇筑法,分 230 个柱状块,上游面块体 5 m×18 m,下游面块体 7 m×9 m,浇筑层厚 1.5 m。该坝是首次采用埋设水管冷却的高坝。共布置 6 m×3 m 和 4 m×3 m 拌和楼各 1 座,生产能力为 7 560 m^3/d;布置有 5 台 23 t 平移式缆机和 1 台 13 t 斜撑式起重机,使用 6 m^3 吊罐浇筑混凝土。

胡佛大坝工程布置很紧凑,1931 年 5 月开始开挖导流隧洞,1932 年秋季即打通并完成衬砌。1933 年 6 月开始浇混凝土,至 1935 年 3 月浇完 248 万 m^3 混凝土,历时 21 个月,221 m 高的重力拱坝浇筑到坝顶。同时,进水口建筑物、压力钢管、发电厂房、溢洪道、泄洪洞和输电线路等都在平行作业。

工程混凝土浇筑量为 336 万 m^3,混凝土最大日浇筑强度为 7 520 m^3,最大月浇筑强度为 19.8 万 m^3,平均月浇筑强度为 11.5 万 m^3。

(四)工程特点

创造性地发展了大体积混凝土高坝筑坝技术,有些技术一直延用至今。在混凝土坝施工机械和施工工艺等方面,如为了解决大体积混凝土浇筑的散热问题而采取把坝体分成 230 个垂直柱状块浇筑,并采用了预埋冷却水管等措施,成为大体积混凝土工程中的成功典型,对世界上混凝土坝施工技术的形成和发展有重大影响。

胡佛坝泄洪隧洞在 1941 年小流量泄洪运行中,曾发生严重的空蚀破坏,说明高水头大直径隧洞泄洪水力学设计与施工技术上尚存在一些问题。混流式水轮机也存在空蚀问题,后换装不锈钢新水轮机。

(五)工程效益

胡佛坝在防洪、灌溉、城市及工业供水、水力发电、航运等方面,都发挥了巨大作用。

胡佛坝形成的米德湖水库有调节库容 196 亿 m^3,防洪库容 117 亿 m^3,对坝址以上的洪水可完全控制。水库防止了下游过去频繁发生的洪水,使科罗拉多河洪水流量由 5 670 m^3/s 削减为 1 130 m^3/s,特大洪峰由 8 500 m^3/s 削减为 2 120 m^3/s。例如:1941 年、1952 年、1958 年的洪水流量为 2 920 ~ 3 450 m^3/s,水库调洪后下泄的洪水在 1 000 m^3/s 以下,1953 ~ 1956 年为旱年,水库提供了水源;建坝后保证了加利福尼亚州和亚利桑那州沙漠地带 70 万 hm^2 的土地获得可靠的灌溉水源。目前这一灌区每年可生产 10 亿美元以上的农产品,可提供 3 200 万户五口之家的年生活用水。在加利福尼亚州南部的半干旱区,年降水量仅 380 mm,远远不能满足该地区用水需要。因此,1974 年从米德湖引取 13.2 亿 m^3 的水量,提供给加利福尼亚州南部 125 个城镇及工矿企业单位,其中包括供给洛杉矶市 1 000 万人口的用水量;水库有 177 km 长,可通行大小船只及游艇,改变了建坝前基本上不通航的面貌。水库风景优美,是著名的游览胜地。

(六)建造过程

胡佛水坝在 1931 年 3 月 11 日动工,首席工程师是法兰克·高尔(Frank Crowe),水坝经费由政府资助,因此他必须在政府限定时间之内完工,否则他的公司将会面临每天 3 000美元的巨额罚款。在他们建造水坝前,必须先开辟一条通往峡谷的道路,以运送物资。由于当时正处于经济大萧条时期,失业人数大增,因此为水坝的建造提供了一群数量可观的廉价劳工。

在建造水坝之前,必须先把科罗拉多河分流,但河流两旁满布悬崖,因此唯一方法是在峡谷两边钻挖爆破,开辟四条分流隧道。然而开辟分流隧道的工人生活和工作环境每况愈下,令许多工人对高尔越来越不满,甚至策划罢工。1931 年 8 月 7 日,工人正式罢工,当时仍有大量有资格取代他们的失业人士,因此工人冒着很大的风险,甚至可能失去工作。高尔选择了镇压罢工的工人,开除他们,然后重新招聘。1932 年,河水首次流入隧道,分流工程成功,能够正式建造水坝。余下的工程只是利用混凝土去建设水坝,政府给予的限期为 4 年半,时间虽多,但高尔欲提早完工,以获得大笔奖金。1933 年,总共倾注了 100 万 yd^3($1\ yd^3 = 0.764\ 554\ 857\ 984\ m^3$)的混凝土。1935 年,水坝提早了两年完工,而高尔亦获得一笔奖金。胡佛水坝令112名工人失去性命。

(七)名称由来

胡佛水坝的命名还经历过一番曲折。1936年水坝落成时,共和党领袖胡佛正在台上,水坝遂以他的名字命名。但是民主党人对此耿耿于怀,很不服气。之后胡佛下台。他们便把胡佛水坝更名为鲍德水坝,鲍德是附近一个城市的名字。此后共和党人重新得势,鲍德水坝又变成了胡佛水坝。

(八)蓄水池

胡佛水坝的蓄水池是著名的密德湖(Lake Mead),是美国最大的人工水库,以当时的开垦局长艾武米得博士(Dr. Elwood Mead)命名。密德湖碧波浩渺,一望无际,是西半球最大的人工湖。它不仅景色优美,而且能灌溉庄稼和利用水力发电,对发展生产起着不容忽视的作用。胡佛水坝的发电功率为1 345 MW,可供应太平洋沿岸的西南部大部分地区,可见胡佛水坝贡献之大。

胡佛水坝是史无前例的水坝,也是当年最大的水坝,至今仍然是世界知名的建筑,已被定为美国国家历史名胜和国家土木工程历史名胜。1994年,美国土木工程学会把它列为美国七大现代土木工程奇迹之一。

(九)历史贡献

胡佛水坝孕育了新兴的城市拉斯维加斯,可以说是拉斯维加斯之母。这里原本是不毛之地,荒无人烟,建造胡佛水坝的时候,大批工人聚集在这里。水、电、铁路,为一座新城的诞生提供了条件。工人们在沙漠之中,没有任何娱乐,于是有人以赌博解闷。内华达州州政府为了吸引人气,居然在1931年把赌博合法化。于是,许多资本家前来投资建设豪华赌场,大批观光客也前来赌博。就这样,一座光怪陆离的赌城在沙漠深处迅速发展,以至一跃而为美国西部最大的新城。如今,在胡佛水坝附近,还能找到残垣断壁、破败凄冷的小村庄,那里写着"Old Las Vegas"(拉斯维加斯旧城),那就是建造水坝时工人们的宿营地。拉斯维加斯就是从一个沙漠小村发展起来的。胡佛水坝是打开拉斯维加斯之谜的一把钥匙。只有清楚地了解胡佛水坝的历史,才能知道拉斯维加斯这座世界第一赌城的诞生过程。如今,拉斯维加斯成了不夜城,正是胡佛水电站的电力,点亮了拉斯维加斯那流光溢彩、五颜六色的霓虹灯。

三、柯恩布莱因坝

柯恩布莱因坝(Kolnbrein Dam)位于奥地利南部的马尔塔(Malta)河上,是一座建造在宽平状U形河谷中高200 m的双曲拱坝。水库库容2.1亿m^3。引水至下游连接有3级水电站,装机总容量共881 MW,其中抽水蓄能机组容量392 MW。3座电站全部实行自动化运行管理。

该坝为高混凝土双曲拱坝。坝址河床基岩出露,右岸为厚实的块状片麻岩,左岸是层状片麻岩并夹有板状片麻岩,岩石变形模量较小(7～10 GPa);河谷平坦,谷底宽约150 m,河谷宽高比3∶3.1,两岸坡度38°～40°。枢纽主要建筑物包括坝、左岸发电引水隧洞及厂房、河床中坝体开设的底孔兼排沙孔、右岸岸边溢洪道及右岸导流隧洞。最大坝高200 m,坝顶长626 m,坝顶厚7.6 m,坝底厚36 m,坝体厚高比为0.18,坝体混凝土总量160万

m^3。坝体设计按试载法三向全调整进行应力分析,满库时中部坝高处最大拱压应力为 8.9 MPa,上游坝踵处拉应力为 1.5 MPa。

大坝施工采用隧洞导流。混凝土浇筑使用 2 台 26 t 缆机(跨度 800 m),3 台 14.4 t 移动式吊车拆装模板。采用可挠曲的悬臂式模板及圆锥形固定锚栓,节省了模板拆装作业时间。最高月浇筑强度达 14.8 万 m^3。

大坝布置了比较完善的安全监测系统,设有垂线、倾斜仪、测缝计、铟钢丝引伸计等,观测大坝位移、倾斜、温度、应力、扬压力及渗水量。把大坝的工作性态准确地反映出来,为大坝安全提供有价值的观测资料。

1978 年水库蓄水位达到 1 860 ~ 1 892 m 时,大坝出现一系列异常情况和严重的安全问题,即大坝上游坝踵处出现裂缝,形成拉裂区,缝宽超过 30 mm,已发展到底部廊道,并由坝面贯穿到基础面;坝顶位移由 -25 mm 增至 +110 mm;渗漏量突增到 200 L/s;基础面扬压力值已达到水库全水头。

通过调查分析,专家们认为,该坝是既高又薄的结构物,承受巨大的水压荷载,由于河床平坦而宽阔,坝体下部拱作用甚微,而靠近基础的中心悬臂梁将产生极大的横向力,峰值可达 70 MN/m(相应平均剪应力为 2.0 MPa),已接近混凝土极限强度。该坝有很大的基础约束,又忽略河床基础岩石的变形,导致坝踵区垂直应力恶化,坝体倾向上游也使本来在自重作用下就产生拉应力的下游坝底部拉应力进一步增大。

柯恩布莱因坝的补强处理采取的主要措施如下:

(1)1979 年,采用水泥灌浆加固防渗帷幕及增打排水孔降低扬压力。

(2)1980 ~1981 年,采用了弹性树脂灌浆和人工冰冻阻水幕封闭开裂区,效果虽然良好,但属临时性措施。

(3)1981 ~1983 年,坝前设置了铺有土工膜的混凝土铺盖,有效地减小了扬压力,但坝体仍发生裂缝和漏水。

(4)1989 年,在坝体下游侧补建重力拱支撑坝(高 70 m,底厚 65 m,混凝土体积 46 万 m^3)。作为止推作用的支撑坝,由 9 行混凝土托座和 613 个氯丁橡胶垫块组成传力机构,库满时支撑坝承受传力,库水位降落时传力机构卸荷。支撑坝于 1991 年 6 月完成浇筑,它可以有效地改善原坝体的应力与稳定性条件。

工程于 1972 年开工,1977 年建成。

四、伊泰普水电站

伊泰普水电站(Itaipu Hydropower Station)位于南美洲巴西与巴拉圭两国的边界巴拉那河中游河段。水电站安装 18 台 70 万 kW 机组,总装机容量 1 260 万 kW,平均年发电量 750 亿 kWh,于 1991 年建成,是世界上 20 世纪建成的最大水电站。1998 年续建扩机 2 台 70 万 kW 机组,2002 年投入使用,总装机容量达到 1 400 万 kW。该电站由巴西和巴拉圭两国共建、共管,所发电力由两国平分,巴拉圭近期用不了的电出售给巴西,以偿还巴西所垫付的建设资金。

(一)水文和水能

伊泰普坝址以上巴拉那河流域面积 82 万 km^2,平均年降水量 1 400 mm。据附近的瓜伊拉水文站1921～1971年水文资料统计,多年平均流量9 070 m^3/s,最大日平均流量39 790 m^3/s,最小日平均流量3 075 m^3/s。据1965～1969年5年逐月径流量资料,1968年丰水年的年径流量3 991亿m^3,1969年枯水年的年径流量仅1 799亿m^3,比值达2.2倍。1966年1～3月丰水季3个月水量1 350亿m^3,1969年8～10月枯水季3个月水量仅313亿m^3,比值达4.3倍。平均年输沙量4 500万t,平均含沙量仅0.16 kg/m^3。

巴西在巴拉那河上游干支流上已建大水库23座,总库容1 879亿m^3,调节库容1 075亿m^3,再加上伊泰普正常蓄水位220 m,相应库容290亿m^3,死水位197 m,调节库容190亿m^3,合计总库容2 169亿m^3,调节库容1 265亿m^3,相当于伊泰普年径流量2 860亿m^3的44%,可进行较好的多年调节。伊泰普水电站靠其上游干支流水库调节,一般常年按径流电站运行,担负电力系统基荷,遇到特殊情况才动用本身的调节库容。水库水位变化不大,尾水位在100 m左右,能经常维持水头120 m左右。

最近拟扩机2台,以便维修和事故备用,并可供调峰和增加发电量,扩机后总装机利用小时数还有5 357 h。巴拉那河的航运,原受伊泰普库区七瀑布之阻,上下不通航。兴建水库后瀑布被淹,可以通航。拟在大坝左岸建3级或4级船闸,以备巴拉那河全线通航。在大坝上下游设码头,由公路衔接。

(二)大坝工程

坝址区基岩主要为厚层玄武岩,夹有多孔杏仁状玄武岩和角砾岩互层,没有大的构造。工程主要包括:①导流明渠,长2 000 m,设计泄量35 000 m^3/s;②明渠上游拱围堰,高35 m;③明渠下游拱围堰,高31.5 m;④导流控制建筑物,重力坝高162 m、长170 m,下设导流底孔12个,各宽6.7 m、高22 m;⑤上游主围堰,土石填筑量722万m^3;⑥下游主围堰,土石填筑量410万m^3;⑦主坝为混凝土双支墩空心重力坝,坝顶高225 m,最大坝高196 m,是世界上已建最高的支墩坝,上游坝坡1:0.58,下游坝坡1:0.46,坝顶长1 064 m,每个坝段长34 m,各设2个支墩形成空心重力坝;⑧右翼弧线形坝为大头支墩坝(参见大头坝),坝长986 m,每个坝段长17 m,设1个支墩,最大坝高64.5 m;⑨溢洪道,堰顶高程200 m,堰高44 m,总宽度390 m,安装弧形闸门14扇,每孔跨度20 m,闸门高21.34 m,泄槽长483 m,用两道隔墙分为三区,采用挑流鼻坎消能;⑩右岸土坝,长872 m,最大坝高25 m;⑪左岸堆石坝,长1 984 m,最大坝高70 m;⑫左岸土坝,长2 294 m,最大坝高30 m。

大坝挡水前缘总长7 760 m,其中混凝土坝长2 610 m,土石坝长5 150 m。

(三)发电厂房和输变电

大坝上游设发电进水口20个(主坝段16个,导流控制坝段4个,各有1个备扩建用)。每个进水闸门宽8.18 m、高19.25 m,进水能力750 m^3/s。下接压力钢管18条,内径10.5 m,长94.6 m,通至厂房。

坝后式发电厂房长968 m、宽99 m、高112 m。厂房内安装18台水轮发电机组,2个安装间和2个控制室,预留2台机组位置。由于巴西和巴拉圭两国电力周波不同,分别为60 Hz和50 Hz,因此将机组分为两部分,从右起1～9号机和扩机9A为50 Hz,向巴拉圭送电,10～18号和扩机18A为60 Hz,向巴西送电。

混流式水轮机的转轮直径8.6 m,设计水头112.9 m,额定流量645 m^3/s,额定出力71.5万kW,最大水头126.7 m时出力达80万kW。发电机周波分别为50 Hz和60 Hz,

转速分别为 90.9 r/min 和 92.3 r/min,功率因数分别为 0.85 和 0.95,额定容量分别为 82.3 万 kVA 和 73.7 万 kVA。

右侧 9 台机组共 630 万 kW,经右岸变电站用 200 kV 送电至巴拉圭阿卡莱变电站,再送至首都亚松森等地;用 500 kV 送电过巴拉那河,经左岸伊瓜苏河口变电站换流为直流后,经 2 条分别长 792 km 和 816 km 的 ±600 kV 直流输电线,各送 315 万 kW 至巴西圣保罗变电站。左侧 9 台机组共 630 万 kW,经左岸伊瓜苏河口变电站用 3 条长 889 km 的 600 kV 交流输电线送电至巴西圣保罗附近的蒂茹库普雷图(Tijuco Preto)变电站,联入巴西主电网。

(四)工程量、工期和造价

伊泰普工程的主要工程量:土石方开挖 7 980 万 m^3,土石方填筑 4 480 万 m^3,混凝土浇筑 1 230 万 m^3。工地职工人数,1978 年达最高峰 31 318 人,包括服务行业共约 4 万人。

伊泰普水库长 170 km,面积 1 350 km^2,库区位于峡谷内,淹没损失较少。巴西侧淹及 5 个居民点,1 145 所房屋,迁移约 4 万人。巴拉圭侧淹及 350 所房屋,迁移 2.5 万人。淹没农田 10 万 hm^2,主要在巴西侧。淹没补偿费共 1.9 亿美元。

伊泰普工程自 1975 年 5 月土建开工,1978 年 10 月导流,1982 年 10 月开始蓄水,1984 年 5 月首批 2 台机组发电,至 1991 年 4 月 18 台机组全部投入运行,总工期 15 年 11 个月。

1974 年两国委托美国圣弗朗西斯科(旧金山)的国际工程公司和意大利米兰的电力咨询公司联合编制的《伊泰普水电站可行性研究报告》,按 1973 年 11 月价格水平估算的工程建设费用(静态投资)为 23.49 亿美元,加上施工期贷款利息和财务费用 7.54 亿美元,合计总投资 31.03 亿美元。由于通货膨胀和利息增长,至 1990 年末累计工程直接投资 107.7 亿美元,利息支出 121.6 亿美元,共 229.3 亿美元,加上 1991 年竣工前投资的 4.7 亿美元,合计实际总投资达 234 亿美元,为过去可行性报告预计投资的 7.5 倍。

伊泰普水电站的资本金为 1 亿美元,由巴西和巴拉圭两国各承担 0.5 亿美元。其余建设资金全部利用贷款,由巴西负责筹措,主要为巴西电力公司贷款、巴西国家银行担保的国外贷款,以及其他国内外银行贷款和进出口信贷。1984 年开始发电后,已有售电收入偿还部分贷款本息,1990 年底累计负债额 168.88 亿美元。按照两国政府协议,伊泰普水电站所有投资按开工后 50 年内还本付息,自 1974 年起至 2023 年还清本息。据此确定电价,1990 ~ 1991 年的电价为 3.5 美分/kWh。

五、铁门水利枢纽

铁门水利枢纽(Iron Gate Hydro Project)是罗马尼亚和原南斯拉夫在多瑙河界河段上合建的发电和航运综合利用水利工程。

铁门水利枢纽坝址距里海 940 km,控制流域面积 56 万 km^2。根据 140 年的水文资料,坝址处最大流量 15 900 m^3/s(1895 年),最小流量 1 190 m^3/s(1893 年),平均流量 5 520 m^3/s,年输沙量 4 000 万 t。坝址基岩为震旦纪结晶片岩,岩质坚硬,裂隙中等发育。在下游有小的断裂,并有中生代灰岩、砂岩及泥质页岩出露。河流宽约 1 000 m,枢纽呈对称布置。两岸各设 1 座船闸、1 座电站,河床中设重力式溢流坝,两岸建副坝。枢纽全长

1 100 m。水库总库容25.5亿m^3。船闸分两级布置,闸室各长310 m,宽34 m,槛上水深4.5 m,水头34 m。操纵塔高75 m。每一船闸一次可通过用1艘蒸汽拖轮牵引的、由9艘载货量各为1 200 t的驳船组成的船队。过闸时间为90 min,年过船能力5 000万t。建闸前,拖轮拖驳船队通过铁门河段需时120 h,建闸后,因水深增加只需31 h,缩短了3/4的时间。船闸为自动操纵,装有电视和雷达设备。分设于两岸的2座电站厂房内各安装6台单机容量19万kW的轴流式水轮发电机组。电站总装机容量228万kW。两岸设有变电站,以220 kV和400 kV电压同两国的电网连接。南斯拉夫用架空线跨越船闸,罗马尼亚则用电缆在船闸下通过。溢流坝高40 m,长441 m,设14个溢流孔,每孔安装14.5 m×25 m的平面闸门。入库流量较小时,提高库水位,以增大发电水头;入库流量较大时,降低库水位,以减少淹没。

铁门水利枢纽的这种布置方式是为了便于罗马尼亚、南斯拉夫两国同时在各自领土上施工和管理。同时,流量在两个相隔一定距离的电站间加以分配,上下游的水位差比集中在河流一边的电站的水位差要大,这样每年可增加电能4 000万kWh。

工程施工分两期导流。第1期围两岸,在左岸围堰内修建1座船闸和1座电站,在右岸围堰内修建1座船闸、1座电站和3个溢流孔。第2期围住276 m宽的中间河床部分。截流时采用立堵进占结合栈桥平堵的方法,截流流量3 390 m^3/s,截流流速7.15 m/s,落差3.72 m,龙口宽60 m,用了3.5 d的时间于1969年8月11日截流成功。1969年8月25日船闸通航,1970年7月20日第1台机组发电,1972年5月竣工,全部工程历时7年零8个多月。工程总造价4亿美元。

铁门水利枢纽的建成,解决了多瑙河航运的困难,降低了运费,缩短了水运时间,年货运量增大至5 000万t。同时充分利用了这一河段的水能资源,每年可发电110亿kWh。至1976年,工程投资即已全部收回。

1999年10月初,罗马尼亚和南斯拉夫两国签署了一份确保在铁门电站维修方面进一步合作的协议。电站维修后,效率可提高2%,电站的运行寿命可延长30年。电站的维修改造包括转轮更换,发电机更新,控制系统(包括自动装置)、保护设备和励磁系统的现代化。

六、罗贡坝

罗贡坝(Rogun Dam)位于塔吉克斯坦共和国瓦赫什(Вахш)河上,是一座具有灌溉、发电和防洪等综合效益的大型水利枢纽。罗贡坝是瓦赫什河最上一个梯级,下游即为努列克(Нурек)坝。坝址基岩为下白垩纪砂岩、粉砂岩和泥板岩,岩石坚硬。坝址处河流呈S形,坝体布置在两个二级断裂带之间的单一构造岩体上,距坝轴线上游约500 m处发现一层盐岩层。坝区地震烈度为Ⅸ度,坝址多年平均流量645 m^3/s,1 000年一遇设计流量为5 750 m^3/s,水库总库容130亿m^3。

罗贡水利枢纽的主要建筑物有斜心墙土石坝、电站进水口、地下厂房、右岸泄洪隧洞、利用导流隧洞改建的尾水隧洞、500 kV户外配电装置以及预防坝基盐岩层受冲刷的防护工程等。设计坝高335 m,坝顶长660 m,坝顶宽20 m。土石坝包括砾石黏土心墙、反滤过渡层、掺有花岗岩及砂砾岩的上下游坝体,上、下游坝坡分别为1:2.4和1:2。为了防止坝基盐岩层冲刷溶蚀，心墙基础用喷混凝土保护，下面进行帷幕灌浆及固结灌浆。地下厂房长200 m、高68 m、宽28 m。厂内设计安装6台各60万kW的混流式水轮发电机组，年发电量130亿kWh，向中亚联合电网送电。两条导流隧洞布置成两层，进口在左岸，高程相距10 m，穿过河床，出口在右岸，在闸门室后面的部分兼作水电站尾水管。导流隧洞出口闸门工作水头达200 m。门孔面积约50 m^2，单孔泄量达2 250 m^3/s。泄水洞的深式进水洞和表面取水洞共用一个出水隧洞；出水明渠在平面上与河床约呈90°。地下开挖的总长度达60 km。

罗贡坝设计年填筑强度1 000万～1 100万 m^3，土料上坝采用带式输送机运输，既节约了修建道路的费用，减少了自卸卡车350～370辆，又加快了填筑速度。上坝的砾石和石块，利用宽2 m的重型输送带，亚黏土碎石混合料则用1.2 m宽的输送带。带式输送机总长度达10.6 km。坝体采用碾压方法施工。

罗贡坝的上游围堰是坝体的一部分，高65 m。1993年1月围堰修筑到40 m高时，由于导流洞长期过流挑沙，其中1条导流洞局部衬砌遭到破坏，闸门井磨损并发生约2万 m^3 岩石塌落堵塞导流洞，另一条导流洞被迫增大过流量。此后，1993年5月7～8日连续暴雨，上游发生一次总量达110万 m^3 的泥石流，水位上涨淹没了交通洞和地下厂房并漫过围堰顶，冲毁土石方达200万 m^3，给工程施工带来了很大损失。

罗贡坝于1975年开工。按照设计，大坝升高到125 m的临时剖面时开始发电。但工程进展缓慢。到20世纪末，该工程仍在施工中，且最大坝高可能修改为305 m。

第八章　水文化与水利精神

第一节　水文化

一、水与文化

文化有广义与狭义之分,广义的文化通指人类在社会实践中所创造的物质财富和精神财富的总和,分为物质文化和精神文化;狭义的文化专指精神方面的文化,只包括科学技术、社会意识形态以及与之相适应的组织机构等方面。不同的社会实践,不同的地域、民族及物质条件,产生不同的相应类型的文化。

水与中华民族文化的发展关系十分密切。我国传统文化是在农业—宗法的社会土壤中孕育、滋长起来的。在以农立国的历史进程中,农业优先进步发展的地区往往就是文化首先繁荣发展的地区,而农业经济发达,人民安居乐业的地区又必然是水资源富饶且水害较少的地区。我国文化的主体集中地发祥于湿润半湿润的大河大陆型典型地理区域(如长江、黄河、珠江的哺育范围等)也说明了这一点。因为水在几千年自给自足的农业经济发展中往往起决定性的作用,水运曾长期在沟通全国大部分地区的联系方面发挥重要作用,而江河灾害常常导致社会动荡等,我国劳动人民和历代统治者都极为重视水利建设,水也始终与中国政治、经济、文化、军事的发展演变直接相关。

水与文化的关系主要体现在以下几方面:

在社会组织方面,几乎每朝每代都设有专司管水治水的部门和官吏,据《荀子·王制序官》和《礼说月令》所载,我国很早就在中央政权中设有地位很高的司空一职,掌管“修堤渠,通沟浍,行水涝,安水臧”。秦汉以后,从中央到地方都设有专官管理大小水利工程设施,特别重要的工程则派钦差大臣或中央高级官吏主持。如元代贾鲁是以工部尚书身份主持河防,明代在黄河、运河上设总理河道,以尚书、侍郎级官吏出任,清代设河道总督,相当于几个省的最高官吏,且明确各省、府、州、县的官吏均兼有河防职责等。

在有关制度、法令、史籍文献方面,早在秦代就有《水令》,明清以后的法规已颇详细具体。而有关水利方面的史、志和专著文献更是不胜枚举,仅治理黄河的书籍就有“汗牛充栋”之称。

在水利工程、建筑设施方面,从古代的伯渠、都江堰、大运河到现在的青铜峡、三门峡、丹江口、葛洲坝、三峡等,从古到今,从南到北,大大小小的水利设施遍布全国各地,连现代所谓“二十四文化名城”及各地风景名胜、名楼、名园等,几乎都是因水或傍水而成。

“水利观念”已深入民族心理之中,因而对水利有贡献的人深受人们爱戴、敬仰。如大禹治水有功,而被拥为部落首领,死后被立祠祭奠;李冰主持修建都江堰,既立有祠庙又被追封王号;清代治理黄河的名臣朱之锡、黎世序、栗疏美,死后被封为河神“大王”。连道教所供天、地、水三官中也专设有一位“水官”，认为“水官解厄”。其他以水为主或与水有关的神话、传说更是多不胜举。

可以看出，我们的祖先们不仅始终从事着极其广泛的治水实践，还给我们留下了许多物质形态的文化遗产及有关的组织制度、政策法令和浩瀚的文献典籍等财富，关于水的观念也早已积淀在我们的民族心理深层。水除了是人体的大部分成分，也是构成我们民族精神的一个重要组成部分。在我国政治、经济、文化事业中，也都随处可见显现的或隐藏于其中的水文化的印记。

二、水文化的提出

“水文化”的概念最早于1988年被提了出来。1988年的10月25日，时任淮河水利委员会宣传教育处处长的李宗新先生在参加淮河流域的宣传工作会议时，作了题为《加强治淮宣传工作，推进治淮事业发展》的讲话，说道：“现在有人提出要开展水文化的研究，要研究水事、水政、水利的发展历史和彼此关系；研究水文化与人类文明、社会发展的密切关系；研究水利事业的共同价值观念等。我们认为这种研究是很有意义的，应成为我们宣传工作的重要内容。”

水文化概念的正式提出是在1989年，主要的标志有：李宗新先生撰写的《应该开展对水文化的研究》文章在1989年4月发表于《治淮》杂志，其首次提出了水文化研究这个新课题；与此同时，时任淮河水利委员会宣教处副处长的吴宗越在《中国水利》发表了《漫谈水文化》的文章；同年11月5日，由《中国水利报》淮河记者站和《治淮》杂志编辑部联合发出了《关于召开水文化研讨会的倡议》。这些讲话、文章和倡议标志着水文化概念的正式提出。

水利行业对于水文化的研究给予了良好的反应。黑龙江省《水利天地》主编高砚认为：“倡议研究水文化，这是一项开拓性的工作。”时任陕西省水利厅水保局副局长的张骅说：“水文化的确立和研讨，意义深远，必将载入史册。”1990年在全国水利电力期刊工作会议上，与会的专家学者均对水文化的研究进行了高度的赞扬与支持，一致认为水文化的研究是一种创新，同时也是“在开拓水文化领域方面开风气之先河”。1995年，在多方努力下，中国水利文协水文化研究会成立，其后，在先后召开的五次全国水文化研讨会中，累计征集水文化论文400多篇，与会人员350余人，初步形成了一支分散在各地的水文化研究队伍；许多省市也先后成立了水文化的研究组织，如南昌工程学院成立了社会发展与水文化研究中心，江苏省泰州市成立了泰州市水文化研究和咨询组织，无锡市成立了太湖文化研究会，山西省成立了水文化文学研究会、河津市水事文化研究会，四川省成都市成立了河流文化研究会。这些组织都开展了许多切实有效的水文化研究活动，对推进水文化研究和建设发挥了积极作用。

三、水文化的概念

水，是自然的元素、生命的依托，是生命的源泉，是万物存在的基本物质条件，也是人类社会的文化和文明之源。以它天然的联系，似乎从一开始便与人类生活乃至文化历史形成了一种不解之缘。综观世界文化源流，是水势滔滔的尼罗河孕育了灿烂的古埃及文明,幼发拉底河的消长荣枯的确明显地影响了巴比伦王国的盛衰兴亡,地中海沿岸的自然环境,显然是古希腊文化的摇篮,流淌在东方的两条大河——黄河与长江,则滋润了蕴藉深厚的中原文化和绚烂多姿的楚文化。管仲曾说:"水者何也?万物之本原,诸生之宗室也。"

从人类发展的角度来看,似乎可以将一切文化现象纳入"水文化"的范畴内,"水文化"称的上是其他文化的母体。总的来说,水文化是对传统水功能的一种延伸和升华,其实质是一个国家或地区人民的优良传统和品德在水事活动中的体现,其根本理念是创造以人为本和人与自然和谐相处的境界。从不同的角度来看,水文化有不同的含义。

从哲学的角度讲,《管子·水地篇》中说:"书水者,地之血气,如筋脉之流通者也……"这里,水充满生机和活力;而老子从另一个角度论水德:"上善若水。水善利万物而不争,处众人之所恶,故几于道。"这也体现了水的人格魅力。可见,水文化就是人的文化,这也是我们现在提倡"人水和谐发展"的最初依据。

从水利的角度讲,水文化是人类对社会各个时代和时期水环境观念的外化,是人类为适应自然生态水环境和满足兴利除害需求的一种方式,也是人类指导自身行为和评价水利工程、水利事业的准则。

从景观的角度讲,城市特色景观的生成不外乎三种途径:一是美学途径,二是心理学途径,三是历史文化途径。城市景观设计的三大原则是尊重自然、尊重人、尊重文化。水文化就是指在城市景观的建设中充分利用城市的人文水资源,以水为载体,紧密联系历史文化和地方特色,将人的行为、历史水文化和创造城市特色景观综合协调考虑。

可见,水文化的概念是从文化的一般概念中引申出来的,可以有不同的表述方式。最简明的说法是,水文化是有关水的文化或是人与水关系的文化。再进一步也可以说,水文化是人们在水事活动中,以水为载体创造的各种文化现象的总和,或是说民族文化中以水为轴心的文化集合体。当前,国内学术界专家总体上对水文化作如下界定:广义的水文化是人们在水事活动中创造物质财富和精神财富的能力与成果的总和;狭义的水文化是指观念形态水文化,是人们对水事活动一种理性思考或者说人们在水事活动中形成的一种社会意识,主要包括与水有密切关系的思想意识、价值观念、行业精神、行为准则、政策法规、规章制度、科学教育、文化艺术、新闻出版、媒体传播、体育卫生、组织机构等。对水文化的这种初步界定可从以下几方面去理解:

第一,水事活动是水文化的源泉。水事活动是人与水打交道的一切活动,既包括人们对水的治理、开发、利用、配置、节约、管理、保护等创造物质财富的活动,也包括人们对水的认识、反映、观赏、表现等创造精神财富的活动。人们在除水害、兴水利的实践中,兴建了大量水利工程,同时积累了经验,获取或提高了生产能力,并形成了具有水行业特点的思维方式和行为方式。反映水与人、水与社会各方面联系的活动就形成了以水为载体的文化现象,主要是与水有关的观念、思想、制度、组织等。这些文化现象的总和就构成了水文化。因此,离开了人与水的联系,离开了水事活动,水文化就成了无源之水、无本之木。水事活动是创造和繁荣水文化的唯一源泉与深厚沃土。

第二,水文化是人们对水事活动的理性思考。人们对水事活动的认识都有一个从感性到理性的认识过程。水文化就是人们对各种水事活动理性思考的结晶。所谓理性思考，就是对丰富多彩水事活动的历史积淀和现实活动，运用概念、判断、推理等思维方式，在探求事物内在的、本质的联系中形成的观念和思想。这种理性思考的成果集中表现在对治水、管水、用水、保护水的经验总结和规律性的认识；表现为水事能力的不断提高，能力也是文化的范畴；表现为水利工作的方针、政策、法规、条例、办法和工作思路等。

第三，水文化是反映水事活动的社会意识。社会存在决定社会意识，社会意识反映社会存在。水事活动是一种客观的社会存在，人们对水事活动理性的思考，必然形成与之相适应的社会意识。这种社会意识主要表现为水行业的文化教育、科学技术，表现为与水相关人员的思想道德、价值观念、行为规范和以水为题材创作的文学艺术等社会意识形态。这些都是人类精神财富宝库中的灿烂明珠，都是反映水务活动的社会意识。

第四，水利文化是水文化的主体。水文化与水利文化是既相联系又有区别的两个概念。水利文化是人们在开发水利、治理水害活动中创造的具有水行业特征的水文化，具有很显著的行业性。水文化泛指一切与水有关的文化，它的内涵与外延都比水利文化要宽泛。而以除害兴利为主要内容的水利文化在水文化中居主体的地位。

第五，水文化是民族文化的重要组成部分。民族文化是每个人从生下来就濡染其中的精神家园，是从深厚的民族生活土壤中生长出来的民族感情和民族意识，是维护民族尊严、维系民族精神的纽带和不断发展的重要力量。民族文化是由各种不同的形态文化组成的，内容十分广博。水文化是民族文化中以水为轴心的文化集合体，作为历史的积淀和社会意识的清泉，渗入社会心理的深层，构成民族文化园中的一枝奇葩。

四、水文化的实质和定位

水是一种自然资源，自身并不能形成文化。水一旦与人发生了联系，人们对水有了认识，有了思考，有了治水、用水、管水的创造，就产生了水文化，所以说，水文化的实质是透过人与水的关系反映人与人关系的文化。因为任何文化的主体都是人，所谓文化实质是以“文”化“人”。为了正确认识水文化的这一实质，应从社会性、行业性和科学性上找准水文化的科学定位。

对水文化的科学定位可用三句话概括：第一句话是水文化是中华民族文化的重要组成部分，也就是说，它首先是一种社会文化；第二句话是水文化是水行业的思想精神旗帜，也就是说，它同时又是一种水行业文化；第三句话是水文化是一门历史特别悠久、生命力极强的人文科学，也就是说它是与人类社会的发展有着密切关系的科学。

在社会性上，水文化是民族文化的重要组成部分。水与人类、水与社会、水与文化的关系十分密切。水事活动是一种重要的社会生产实践，参与水事活动的不仅有广大的人民群众和广大的水利工作者，还有历代的帝王将相、政治家、思想家、科学家和文学艺术工作者；在当代有党和国家领导人，各方面的专家、学者，科学技术人员以及各类文化工作人员。这些人员都积极地参与和创造了中华水文化，因此水文化是一种社会文化。从社会文化的角度研究水文化，有助于从理论上阐明水与国民经济及社会发展的关系，确立水利在国民经济和社会发展中的主要地位，树立水利的良好形象，为水利事业的发展创造良好的外部环境。

在行业性上，水文化是一种水行业文化。这里的“水行业”，是以水利部门为主，包括一切与水有关的行业。如水电、环保、气象、地质、城建、农业、林业、航运、供水、饮水等一切与水有关的部门。从这个意义上定位水文化,水文化也可以叫水利文化。从水行业的角度研究水文化,有助于增强行业的凝聚力、向心力,提高水利职工队伍的素质,为水利事业的发展提供精神动力和智力支持,创造良好的内部环境。

在科学性上,水文化是一门人文科学,是研究人、水、文化相互关系的科学。人文科学的原意是指同人类利益有关的学问,现在广义的人文科学是指对社会现象和文学艺术的研究,包括哲学、经济学、政治学、法学、文学、伦理学、语言学等,具有交叉科学的特征。把水与文化联系在一起,就是一种对人类利益关系重大的社会现象。这样使水不仅具有自然属性,而且具有社会属性。对水文化的研究要借助水利学、文化学、社会学及其他有关科学的成果进行。现代科学的发展,使社会科学与自然科学互相渗透、互相联系,日益密切,因此水文化是一种社会科学与自然科学互相联系,并借助它们的成果而发展起来的一种人文科学。把水文化作为一门人文科学来研究,有利于动员和吸引各方面的专家、学者来关注和研究水文化,使水文化逐步成为一门相对独立的科学体系。

水文化只有找到它的科学定位,才能进一步认识它的本质,确定它质的规定性,才能使它真正地植根于现实的土壤,才能使之根深叶茂、花艳夺目。

五、水文化的研究对象

科学的任务是揭示事物内在的本质联系,揭示事物运动和变化的客观规律。水文化作为一门科学,它的研究对象是通过研究水与人类、社会、经济、文化等方面的内在关系,揭示水文化的形成、发展及其变化的规律,从而科学地认识水在人类生存、社会进步和经济发展中的地位与作用。这种关系、地位、作用和规律性可从以下几方面来认识:

第一,人与水共处于一个生物圈中,既相依,又相争,为水文化的形成提供了前提条件。水是生命之源,为人类的诞生和繁衍、发展提供了必要条件。水又是人类的心腹之患,不时危及人类安全。正是这种既相依又相争的关系,使人类开展了各种水事活动,力图实现人与水关系的和谐。在人与水的关系中,人是主体,是创造水文化的主体。因此,人民群众是水事活动的基本力量。水患危害了人民,人民群起而治理;水利造福了人民,人民携手而兴修。在水事活动中,人心的向背、团结状况、科学文化素质、经营管理水平、思想精神面貌等,是水利事业能否顺利发展的决定性因素,也是创造、发展和繁荣水文化的决定性因素。

人们水事活动的实践往往从治理水害开始。当水悄悄地造福人类,提供饮水、灌溉良田、载舟航运时,常常是"随风潜入夜,润物细无声",不为人们所重视。一旦洪水泛滥、水质污染、赤地千里,人们才感到水的重要,于是进行不同形式的治水活动,同时创造了丰富多彩的水文化。在中国、在世界的古代传说中,有关治水的内容,数量之大,影响之深,是任何行业和任何部门都无法比拟的。这在一定程度上反映了水文化的起源和形成过程。随着社会的发展,水事活动的动力逐步转化为自觉地适应社会经济发展的需要,实现人与水的和谐相处,互助互利。至此,水文化的发展也将随着社会的发展而向前发展。

第二,国运、水运紧相系。任何水事活动都是在一定的经济、社会环境下进行的。社会安定,经济发展,能为水利事业的发展提供良好的环境。水利事业的发展,可以带来一业之兴、百业之旺的局面。一旦水利失修,又影响着社会安定和经济的发展,就会造成水患丛生、民不聊生、兵燹四起、社会动荡,甚至造成政权更替,说明水与政治的关系十分密切。所以,历史上秦、汉、隋、唐、宋、元、明、清等朝代在国家统一、社会比较安定、政治比较开明的时期,水利事业发展就比较快,也是水文化繁荣昌盛的时期。而在五代十国、魏、晋、南北朝和政权更替的时期,由于封建割据,战争频繁,水利事业就会衰退,水文化的发展也十分缓慢。新中国水利事业的大发展就是最好的说明。一般来讲,水文化的兴衰与政治的安定和水利事业的发展紧密相联,水利事业大发展的时期,也是水文化兴旺和繁荣的时期。

第三,科学技术是推进水利事业发展的关键措施。水利科学技术是水文化的重要内容。世界上许多重大的科学技术都有水的贡献,如瓦特发明蒸汽机、阿基米德定律的形成和温度计的产生等,都与水有重要关系。科学技术的进步又推进了水利事业的发展,有什么样水平的科学技术,就有什么样水平的水利工程。我国的水利科学技术历史上长期在世界上处于领先地位,这使我们引以自豪。自鸦片战争以后,由于中国沦为半封建半殖民地,社会的动荡和政治的腐败使我国的科学技术,包括水利科学技术发展缓慢,水利事业的发展也受到很大的影响。现在提出"科教兴水"的战略,正是对水与科学技术关系的正确认识,必将大大推进水利事业和水文化的发展。

第四,水是文学艺术的永恒主题。文学艺术是社会生活的缩影,它来源于生活,而又高于生活,更集中、更典型地反映生活。水与社会生活的各个方面的联系都十分密切,因此文学艺术在表现社会生活时总是离不开水,水成为一切文学艺术创作中永恒的主题。文学艺术的领域非常广阔,门类和风格丰富多彩,但都离不开水的滋润,都有水的灵气。以水为题材,或与水有关的文学作品、诗词歌赋、绘画雕塑、音乐曲艺、书法摄影、建筑工艺等在我国文学艺术的宝库中闪烁着耀眼的光芒。水还常常成为作家和艺术家灵感的源泉。许多文学名著和脍炙人口的诗文都十分鲜明地刻有水的印记。无论是"飞流直下三千尺,疑是银河落九天"、"长风破浪会有时,直挂云帆济沧海",还是"千里江陵一日还"、"夜半钟声到客船"、"大江东去,浪淘尽,千古风流人物",都是水赋予了诗人的无穷灵感。文学艺术中的水文化最能影响和感化人们的心灵,应努力开发,大力发展。

以上水与人类、政治、经济、科技、文化的关系仅是一些梗概,也是对水文化形成和发展规律性的一些认识。水与社会生活各方面的关系远非如此,因此我们应该深入研究这种广泛而密切的关系,进一步认识水文化发展变化的规律,以便科学地、全面地认识水的重要地位和作用。

六、水文化研究的主要方法

水文化作为一门科学,就有一个研究方法的问题。水文化研究一般有下列主要方法:

第一,双重科学相结合的研究方法。水文化作为一门人文科学,它不仅涉及社会科学的许多门类,而且涉及自然科学的许多门类,如社会学、人类学、文化学、水利学、工程学、历史学、文学、艺术等。因此,对水文化的研究必须是社会科学和自然科学的各门类工作者共同携起手来,形成合力,方能取得有效的成果。这种研究方法由于切入点和侧重点的不同,研究的成果也会各有不同。

第二,归纳法的研究方法。归纳法是由一系列具体的事实概括出一般原理的推理方法。这一方法要求必须掌握或占有大量而丰富的水文化的材料,在此基础上通过抽象的思维,进行科学的归纳和推理,获取水文化研究某一方面的成果。在大量成果的基础上获取新的成果。这种研究方法特别适用于对大的企业和各种社团对水文化的研究。

第三,演绎法的研究方法。演绎法是由一般原理或普遍公理推导出特殊命题的一种推理方法。在研究水文化时,可以用社会科学、自然科学和文化学的一般原理为指导,紧密联系水文化科学的具体情况进行科学的推理和判断,从而获取水文化研究的有效成果。这种方法特别适用于对水行业价值观、行业精神、行为规范等方面的研究。

第四,充分应用高新科技的成果进行水文化的研究。因为随着社会的发展,水文化本身也进入了高新科技的领域,因此在研究水文化时也要求采用高新科技的方法,而且这种方法要贯穿于水文化研究的一切领域。

七、水文化的主要功能

所谓功能,是指某一事物或者某种方法所发挥的有利的作用或效能。水文化的功能就是指水文化在发展水利事业、推动经济发展和社会进步等方面所发挥的特殊作用和功效,可以概括为以下五个方面:

第一,维系人类文明的生存和发展的功能。人类文明的发祥和发展与水密不可分。尼罗河孕育了古埃及文明,幼发拉底河和底格里斯河诞生了古巴比伦文明,印度河催生了古印度文明,黄河与长江哺育了华夏文明。一些早期文明的衰落也与人类没有珍惜水、善待水有关。古巴比伦文明在发展了将近4 000年后终于毁灭并被埋藏在沙漠下将近2 000年,其根本原因是不合理的灌溉。对森林的破坏,导致河道和灌溉沟渠淤塞,人们不得不重新开挖新的灌溉渠道,如此恶性循环,使得水越来越难以流入农田。更严重的是,古巴比伦人只知道引水灌溉,不懂得排水洗田,由于缺乏排水,美索不达米亚平原的地下水位不断上升,淤泥和土地的盐渍化,终于使古巴比伦生态系统崩溃,高大的神庙和美丽的花园也随着马其顿征服者的重新建都和人们被迫离开家园而坍塌,如今在伊拉克境内的古巴比伦遗址已是满目荒凉。

黄河流域是华夏文明的发祥地。先秦时期,黄河中上游地区气候温和,植被茂密,整个黄土高原森林覆盖率超过50%。先民在此逐水而居,繁衍生息,创造了辉煌的古代文明。自秦始皇统一中国之后,这里开始大兴土木,毁伐森林,人水争地。经过历代砍伐开荒和争夺水利,导致黄河流域生态环境破坏严重,黄土高原沟壑纵横,满目疮痍,黄河频繁泛滥。天灾加上人祸,使黄河流域经济渐趋衰落,等到安史之乱之后,昔日繁华的黄河流域,竟到了“居无尺椽,人无烟灶,萧条凄惨,兽游鬼哭”(《旧唐书·列传七十三》)的地步。田地荒芜,水利失修,人口大量死亡和南移,使黄河流域社会经济开始衰落,我国经济文化的中心也渐渐移至长江流域。历史的经验教训告诉我们,河流不是人类欲望的函数,而是人类赖以生存的母体。华夏文明的命运,与长江、黄河的命运紧密交织在一起,与我们能否珍惜水、保护水密不可分。

第二,维护人类文化的多样性的功能。文化多样性是实施可持续发展,维护地球生物圈和人类延续的精神基础。河流是独特的人文地理单元,是联系上下游地区社会经济发展与文化传播的重要通道。流域内往往分散或聚集着不同的民族,他们既有着共同的普世价值,又保留了各自的文化认同和文化传承,不同民族的文化特征、风俗习惯、宗教习俗,很多与水、与河流湖泊联系在一起。例如泼水节(傣族、阿昌族)、沐浴节(藏族)、背吉祥水(藏族)、杀鱼节(苗族)、汲新水(壮族)、春水节(白族)、澡堂会(傈僳族)等民族习俗,敬水、祭水、放河灯、迎河神、龙王庙祭、洞祭、龙潭祭等宗教仪规,抛舟(高山族)、淋更(壮族)、抢头水(湘西苗族)、担血水(湘西苗族)、喝伶俐水(壮族)等方术析占,以及许多行业风俗,离开了水将不复存在。同时,还要看到,治水活动也提供了独特的景观文化、历史遗存。例如,都江堰、京杭大运河、三峡工程等,不仅建成了雄伟的水利工程,提供了新的文化景观,而且也成为中华民族的重要标志。

第三,启示、影响和塑造人类的精神生活的功能。自然形态的水是通过审美进入人类精神生活从而获得文化生命的,至今仍在启示、影响着当代中国人的精神生活。语言文字是民族文化赖以生存和发展的基础,《说文解字》对水的解释是:“水,准也,北方之行,象众水并流,中有微阳之气,凡水之属皆从水。”在《说文解字》中,水部文字469个,占全部9 353个汉字的5.01%,如加上川部、泉部、永部等,则有522个,占5.58%;从词汇上看,水部文字在汉语中的基础地位更为明显,这些词语的本意及其引申,构成了中国文化最基本的概念和范畴体系,深刻地影响着中国文化的演变进程,深刻地影响着中国人的精神生活。历史上涌现出无数治水英雄,集中体现了中华民族的伟大智慧、创造能力和优秀品质,许多治水英雄被人们视若“水神”而顶礼膜拜。在当代,“万众一心、众志成城,不怕困难、顽强拼搏,坚韧不拔、敢于胜利”的伟大抗洪精神,由“顾全大局的爱国精神,舍己为公的奉献精神,万众一心的协作精神,艰苦创业的拼搏精神”汇成的三峡移民精神,“献身、负责、求实”的水利行业精神,丰富和发展了中华民族的精神内涵。

第四,发挥历史上的治水理论和实践对现代水利建设的借鉴功能。中华民族在长期治水实践中,既创造了光辉灿烂的文明成果,也饱尝失败的艰辛和教训,值得我们在处理今天的人水关系中给予充分的重视和借鉴。在治水理论方面,大禹采取“疏导”的方法治水,对后世关于堵塞与疏导关系的认识,产生了重大影响;西汉贾让治河三策中的“上策”,充分体现了人与洪水和谐相处的思想;潘季驯在长期治黄实践中总结出的“筑堤束水、以水攻沙”的治黄方略,体现了治黄的系统性、整体性和辩证法观念,对今天的黄河治理仍然有着十分重要的意义。在水利工程建设方面,例如,都江堰主体工程将岷江水流分成两条,其中一条水流引入成都平原,既可以分洪减灾,又达到了引水灌田、变害为利的目的,并在飞沙堰的设计中很好地运用了回旋流的理论,即使在今天看来,也是水工设计中遵循自然规律、利用自然规律的典范。北京北海公园团城,早在公元15世纪初就建立起雨水利用工程,在地面上采用干铺倒梯形青砖和深埋渗排涵洞的做法,起到了良好的节水、存水效果,使得这里的古树屹立800年而葱翠常青。在水利管理实践中,也蕴涵着丰富的文化、科学和技术内涵,许多灌区的延续就是管理的延续,我国古代水利管理留下的规章、制度和经验也为我们今天的水利管理提供了借鉴。当然,我国古代水利实践中的教训,如前所述及的黄河流域农田水利的衰败,江南地区圩田开发中导致的水系破坏,治水中以邻为壑,甚至以水代兵、殃及无辜的做法,需要我们永远记取。

第五,凝聚和教育功能。水文化的凝聚功能是指水文化的核心价值理念得到社会成员认可的时候，它就能产生一种黏合力，从各个方面把人们聚合起来，从而产生一种巨大的凝聚力和向心力。“大禹治水”的故事，能够流传至今，感召一代又一代的仁人志士，为水利事业不懈奋斗，这就是水文化的凝聚功能。而更具有凝聚力和向心力的是全面、协调、可持续发展的新型水利观。这一当代中国水文化的核心价值理念，像一块巨大的磁石，产生着强大的磁场，正吸引着中国乃至全球水利人的目光。也正因如此，树立科学的水利发展观，调整治水方略，实现人、水和自然的和谐共处，已经成为中华民族共同的心声。这也正是新型水利观能够彰显凝聚魅力之所在。

人不仅有物质需要，而且有精神需要。人的精神需要是在物质需要形成并逐步得到满足的基础上产生和发展起来的，是比物质需要更高级的需求。满足人的精神需要，不仅可以促进人的精神发展，实现人的精神追求，而且可以直接产生巨大的精神动力。水文化作为一种观念形态的文化，它是一定社会政治和经济的反映，同时它也作用于一定社会的政治和经济，是人们重要的精神需要。在水利事业的发展和现代化建设的过程中，很大程度决定于国民素质的提高和人才资源的开发。而精神产品和社会文化生活对现代化建设的巨大意义，恰恰在于它能够提高劳动者的思想道德素质和科学文化素质，开发人才资源，从而为现代化建设提供精神动力和智力支持。水文化对人的思想观念、道德情操、精神意志、智慧能力等诸方面有着潜移默化的影响。思想观念、道德情操教育就是价值观念、伦理关系的教育，在塑造什么样的人，用什么价值目标改造社会方面，起着最为直接、最为根本的作用，也是整个文化建设的核心。因而，水文化在以下几个方面就能表现出强烈的社会教育功能：一是引导人们树立正确的世界观、人生观、价值观、人水观和水利观。二是始终不渝地坚持用先进的科学文化知识教育干部群众。三是深入持久地宣传以水资源的可持续发展支持经济社会可持续发展为核心的水利职业道德教育；大力宣传弘扬爱国主义、集体主义、社会主义以及抗洪精神和艰苦创业精神；鼓励一切有利于人与水和谐、促进人类自身与经济社会协调发展进步的思想道德；宣扬社会主义的人道主义精神，坚持以人为本，尊重人、关心人，普遍形成良好的人际关系。四是能把先进性要求和广泛性要求结合起来。五是能引导人民群众逐步形成珍惜水资源、建设节水防污型社会的共同认识。

通过水文化的教育还可以规范人们的行为。水文化的规范功能是指水文化的“强制”功能，它“强制”人们遵循长期以来的水事活动中已经形成的基本道德、习惯、行为准则以及对水和水利的价值判断标准。水文化的这种“强制”作用不同于规章制度的强制作用，前者是情感、意识的内在强制，而后者是非情感、超意志的外在强制。水文化的规范功能能够促进水利行业的识别系统和视觉识别系统的建立。

八、加强水文化建设的重要意义

当今，文化、经济、政治的相互交融在提高综合国力中的地位和作用越来越重要。文化的力量，深深地融入民族的生命力、创造力和凝聚力之中。水文化作为反映水事活动的社会意识，它必定会服务于水事活动，并对社会的政治、经济、文化产生重大影响。开展水文化研究，加强水文化建设的意义主要有以下几方面：

第一，有利于提高水行业职工的综合素质。文化建设是一项塑造人的灵魂的基础工程,应该坚持以人为本,把培养人作为最基本的任务。发展社会主义文化的根本任务,是培养一代又一代有理想、有道德、有文化、有纪律的公民。加强水文化建设的根本任务就是在水行业落实这一根本任务。按照培育"四有"职工的目标,联系水行业的实际,把"除害兴利,造福人民"作为行业的共同理想,把"献身、负责、求实"作为行业的精神支柱,把"科教兴水"作为行业的神圣职责,全面提高水行业职工的思想道德和科学文化素质,推进水利事业发展。

当前,我们正在迈向一个知识经济的新时代,知识、智力等无形资产成为资源配置的第一生产要素。高新科技是知识经济的支柱产业,在这种情况下,通过加强水文化建设,极大地增强水行业职工的文化意识,转变观念,把发展水利事业从依靠有形资产为主,逐步转移到依靠智力、知识等无形资产上来,应用高新科技来武装现代水利,推进水行业现代化建设。

第二,有利于提高水工程的文化品位,满足人们对水环境的文化需求。随着我国人民物质文化生活水平的不断提高,人们对水工程、水环境在满足除害兴利要求的同时,更加重视其文化功能,提高了亲水、爱水、戏水的文化需要。在此情况下,通过加强水文化建设,更新设计和建设观念,更加注重水工程的文化内涵和人文色彩,把每一项水工程当做文化精品来设计、来建设,建成为具有民族优秀传统文化与时代精神相结合的工艺品,水工程及其管理区在发挥工程效益和经济效益的同时,成为旅游观光的理想景点、休闲娱乐的良好场所、陶冶情操的高雅去处,为美化人们的生活,提高人们的生活质量,提供优美的水环境。

第三,有利于推进我国水利事业的发展。随着我国社会经济的日益发展,水利在国民经济中的地位显得更加重要,人们对水的重要作用的认识也有了新的飞跃。水利事业面临的新形势呼唤着新的水理论、新的水文化。正如联合国教科文组织总干事松甫晃一郎所说:"水资源的管理与治理,要充分考虑到文化与生物的多样性,水实际上有强大的文化功能。尽管科学技术对于了解水循环和利用水资源至关重要,但是,科学技术需要适应具体环境,并且反映人民的需要和期盼,而这些要受到社会和文化因素影响。水资源管理本身应该视为一种文化进程。"由此可见,先进的水文化对水利事业的发展有着重要的引领作用。这种引领作用主要表现在对水的重要地位认识的新飞跃,表现在发展水利事业一系列新的方针政策的出台,表现在水法规的制定和完善,表现在新的治水思路的提出,表现在水权、水市场等新观念的提出和日益为更多的人所认同,表现在水资源管理体制的改革。这些新的水理论都有深厚的文化底蕴,都是水文化的新成果。全国水利工作的新思路是:要从传统水利向现代水利、可持续发展水利转变,以水资源的可持续利用支持经济社会的可持续发展。这条新思路的水文化内涵至少有三点:①传统水利与现代水利的区别首先在于人们观念的不同,水文化的作用在于转变传统的观念,使人们的思想适应新的水的发展形势;②传统水利与现代水利的重要区别在于科学技术发展水平不同,水文化的作用在于要求用高新技术武装现代水利,真正实践"科教兴水"的发展战略;③可持续发展水利的基本要求是把水作为一种重要的战略资源,从人口、环境、经济、社会相互联系、协调发展中推进水利事业的不断发展。这也是水文化研究的根本要求,因为水文化正是从水与人、与社会的紧密联系中认识水的地位与作用的。而且,只有可持续的文化力量,即可持续的精神动力和智力支持,才有水资源的可持续利用和经济社会的可持续发展。从这个意义上讲,水利工作新思路的提出,是我国水理论、水文化的新发展、新成果,必将把我国水利事业推进到一个新的发展阶段。

第四,呼唤全社会的水意识。水与社会进步和经济发展关系极为密切,与人民生活息息相关。水文化不仅是水利行业的文化,更是全社会的文化。通过弘扬水文化,呼唤全社会对水的进一步关注,呼唤全社会都来珍惜和保护水资源,是一件迫在眉睫而又长期艰巨的任务。因此,水文化要进农村、进城市、进工矿、进工厂、进社区、进学校,进入每一个人的心目中。

第五,有利于丰富和发展民族文化,促进社会主义精神文明建设。水文化作为民族文化和社会主义文化的重要组成部分,它从民族文化和社会主义文化的母体上吸取了营养,丰富和发展了具有自身特点的水文化。通过加强水文化建设,发掘我国水行业悠久的历史文化,取其精华,去其糟粕,结合时代精神加以继承和发扬,做到古为今用;大力弘扬我国人民在长期的水利事业中形成的水利行业精神;大力发展水行业的科学技术、文教卫生、新闻出版等文化事业;积极开展水行业的各种积极向上的文化活动,等等。一句话,紧密联系"水"字,大作"文化"的文章,必将使水文化进一步地丰富和发展。与此同时,也为民族文化和社会主义文化丰富了新的内容,增添了新的光彩。加强水文化建设,实质上是在水行业认真落实发展社会主义文化,加强社会主义精神文明建设的各项任务。因此,加强水文化建设,应该成为水行业加强社会主义精神文明建设,加强和改进思想政治工作的特色与创新。

总之,开展水文化研究,加强水文化建设,是试图把水文化作为人、水、社会、经济、文化之间的结合点和支撑点,以水为出发点,研究社会、发展经济、繁荣文化,提高人们对水利基础设施战略地位的认识;同时,又以文化为立足点,探索水理论,认识水贡献,发扬水精神,树立水形象,提高全社会的水意识。同时,也把水文化作为水利行业与全社会的结合点,让水利行业的人跳出本行业,站在全社会的高度来认识水利行业,从而明确自身的社会责任;又让全社会的人走近水利行业,认识水利行业的地位和作用,从而更加关心和支持水利事业的发展。通过上述努力,在人们心目中,在全社会树立起一面鲜艳的"水文化"旗帜,激励人们发展社会主义文化、加强社会主义精神文明建设、发展水利事业,促进经济社会的可持续发展。

第二节　水利精神

一、水利精神的含义

精神是指人的思维、意识活动的一般心理状态,主要包括对崇高理想的憧憬、对某种信念的执着追求、高尚的道德情操、踏实奋进的人生态度等方面。精神往往是在一定民族文化传统的基础上,在人们长期的社会实践中逐步形成的一种较稳定、持久的心理素质,是人们价值观念、利益原则、行为规范的集中反映,通常表现为观念定势、思维定势和人际关系准则。

精神是人们从事一切社会活动都需要的内在动力和支柱，是一切先进人物、民族精英之所以流芳千古的重要思想原因，也是水利事业不断克服困难，取得成就，一直延续发展到今天的巨大思想源泉。在我国几千年的治水实践中，无数治水精英和广大劳动人民发扬中华民族的优秀精神传统，致力于兴水利、除水害的艰苦斗争，逐步积淀成为指导水利行业成员生活方式的共同价值观念和行为规范体系，即水利精神。水利精神既具有浓厚的民族传统特征和时代特征，又具有明显的水利属性，是民族传统、时代性质与水利行业成员思想意识的聚合体，对广大水利职工具有凝聚力、感召力和约束力，能够增强水利职工对水利事业的荣誉感、自豪感和责任感。团结、教育和激励全体水利从业人员为实现共同目标而努力。

二、水利精神的内容

（一）献身水利、促进水利事业发展的理想

这是崇高社会理想和奉献精神在水利职工身上的具体表现与运用，包括为提高水利在社会中的地位，促进水利行业经济、政治、文化、科学技术发展等方面的理想与追求，以及为实现这一目标所愿意作出的努力和奉献。

（二）强烈的社会群体意识

水利是农业和国民经济的命脉，但水利事业的发展，兴水利、除水害目标的实现，决不是个人或少教人所能做到的，它必须依靠集体的力量，通过人民群众的协作劳动共同完成。所以，水利系统的职工更需具有强烈的社会群体意识，需要处理好各种人际关系，团结一致，形成合力，才能在建设和发展水利事业的实践中作出自己应有的贡献。

（三）吃苦耐劳、努力诚实的劳动态度

水利工作大多在比较偏僻的地方，有的甚至地处荒山僻野，工作生活条件比较艰苦，劳动强度大，遇到的困难往往很多，水利工作者在长期的艰苦奋斗中养成注重实干、吃苦耐劳、努力拼搏、诚实劳动的可贵精神与态度。

（四）强烈的社会责任感

水利行业职工以兴水利、除水害为己任，通过修建各种水利工程，为社会提供水源、水电产品，承担防洪、抗旱、排涝、供水等重要任务，无论是从事水文观测、堤坝管护、水库管理还是施工、灌溉的职工，都直接承担着不能有丝毫疏忽的巨大社会责任，工作一旦出现差错，就可能给社会和人民造成严重损失，甚至造成毁灭性的灾害。

（五）正确的价值观念和行为准则

人们的价值观和行为准则是在一定文化传统、信仰等条件下，在长期社会实践活动中逐步形成的，它体现了人们对社会、事物的一般看法和基本行为原则，影响着人的理想、道德观念和人生态度的形成。水利行业的共同价值和行为准则是水利从业人员所共同具有的一般看法和思维方式、行为原则，这是水利事业兴旺发达的重要精神源泉，其性质受当时生产力水平和生产资料所有制的制约，反映一定社会水利职工的基本精神面貌。

三、水利精神的作用

在继承和发扬民族治水传统精神的基础上，有目的地倡导、培育水行业的共同价值观

念和行为原则、工作作风,形成新时期的"水利精神",对增强水利职工队伍的凝聚力、战斗力,团结广大职工为水利产业的建设与发展努力拼搏,有着重要的激励和感染作用,对加强和促进水利行业的两个文明建设也有着现实的重要作用。水利精神的作用主要体现在以下几个方面。

(一)凝聚作用

共同的理想、期望和价值观,使人们产生共同的语言、共同的荣誉感和责任心,从而增强组织的归属感和凝聚力,它像黏合剂一样把水利职工的个人需求、动机和行为凝聚到全行业的同一目标上来,形成强烈的向心力,使全体职工认识到水利事业的前途与发展直接关系到自己的前途和命运,包含着自身的价值和希望,并对水利行业改革与发展的目标产生认同感,增强主人翁意识,汇集全体职工的聪明才智,为振兴和发展水利事业而共同努力奋斗。

(二)激励作用

激励是激发人的某种行为动机、调动人的工作积极性的心理过程,包括内激励和外激励。当某种需要、愿望或责任成为职工的内心向往后,就会产生出一种内在的驱动力,鼓励人们自觉为实现这一目标而努力奋斗。水利精神是广大水利职工共同理想、信念、希望和追求的集中反映,具有强烈的鼓动性和号召力,能激励职工在对水利事业美好未来的追求中,充分发挥自己的主动性、积极性和创造性,努力为实现水利行业的未来目标而拼搏进取。

(三)规范作用

水利精神体现着广大水利职工的共同意志,是规范化了的群体意识和价值观念,对水利职工的行为、情绪和内心向往有着潜移默化的影响与心理调控作用,因而可发挥约束职工的思想和行为、协调行业内部各种关系、维护生产秩序和工作秩序、促进水利事业和谐稳步发展的规范作用。

(四)感染作用

水利精神来源于水利职工的实践和创造,又经过科学总结与升华,体现出水利工作者的时代风貌,易于在职工思想和感情上引起共鸣,产生强烈的感染力,这种感染力在职工中传播、扩展开来,有助于形成积极向上、努力进取的良好行业风气,同时又可以辐射到行业之外,对整个社会风气发挥一定的感染、促进作用。

(五)导向作用

水利精神同时也是共产主义信念、社会主义原则在水利行业中的具体体现,是民族传统精神、社会主义精神文明的要求,是国家需要和行业组织目标的综合反映,具有鲜明的思想、行为导向功能,为水利职工指明了努力的目标和方向,有助于将国家、行业和个人的需要结合起来,促使水利职工在努力实现自己人生价值过程中,不违背国家的法规、政策和社会主义方向。

四、水利精神的弘扬

在1999年全国水利厅局长会议上,时为国务院副总理的温家宝同志对广大水利工作者提出了"献身、负责、求实"的要求;时任水利部部长汪恕诚提出这6个字应作为水利行业精神。2005 年温家宝总理在视察河海大学时也向学校和师生提出了这样的要求，并阐述了这 6 个字的内涵和意义。“献身、负责、求实”水利精神的提出，是共产主义理想、社会主义原则与优秀的民族治水传统的结合，是当代水利职工的科学文化素质等多种因素的结晶，既体现建设中国特色社会主义的一般要求，又体现当代水利特有的行业性群体意识，是水利行业优良传统、经营管理目标、职工精神风貌的综合体现，是对水利精神的高度总结和概括。

(一)献身精神

相对别的行业来说，许多水利工作都是野外作业，风餐露宿，雨淋日晒，条件十分艰苦，有时还面临着生命危险，因此就特别需要水利工作者必须树立强烈的献身精神，艰苦奋斗，无私奉献，以忘我的工作热情战胜前进道路上的一切困难，实现水利发展的宏伟目标。

献身精神首先意味着要将自己的智慧和精力献给水利建设事业。在水利史上，几乎每一位水利名人都曾努力学习，掌握水利规律和治水技能。这种学习当然包括翻阅典籍和专著，向专家求教；但对于水利事业来说，这种学习更多地还是进行艰苦的实地调查和勘测，获得第一手资料。而实地调查和勘测正需要不怕吃苦、勇于奉献的精神。为了撰写水利通史《史记 · 河渠书》，司马迁遍阅文献，又走遍黄河上下、大江南北。为了撰写有关大禹治水的内容，他曾在黄河、淮河和长江最易出事的地段实地勘察。再比如元代的都实，为了勘察黄河河源，自河州(今甘肃临夏)宁河驿出发，穿过崇山峻岭，深入不毛之地，历尽千难万险，费时 4 个月才到达黄河上游地区，并最终发现了黄河正源，为治理黄河积累了重要资料。

献身精神更意味着不畏艰难和困苦，为了水利事业放弃舒适安逸的生活，甚至献出生命。人们所熟知的大禹“三过家门而不入”的故事就是水利工作者献身精神的典型代表。为了治水，大禹历尽千辛万苦，饱受风吹雨打，《庄子》说他“腓无胈，胫无毛，沐甚雨，栉疾风”。为了治水，他 13 年奔波于外，连妻子、儿子都顾不上看一眼。清初治河名臣朱之锡，治理黄河、淮河、运河达 10 年之久，南北奔驰，殚精竭虑，为了治水，他常常废寝忘食，即使积劳成疾也不告假治病调养，最终鞠躬尽瘁，卒于任上，年仅 44 岁。这样的例子在治河历史中不胜枚举。被尊为“水神”的冥，为了抗洪保堤，冲锋在前，昼夜劳作，数日不曾下过河堤，最后劳累过度，不慎落水而亡。再如东汉时期的马臻，为了治理鉴湖，触犯了地方豪强的利益，被诬下狱，含冤而死。这些为了造福人民而献身的水利名人，人民和历史永远不会忘记他们。

(二)负责精神

负责就是要尽到应尽的责任。水利的负责精神，也就是以水利为家、以水利事业的追求为生命追求的主人翁精神，是水利工作者应有的品质。水利建设事业乃百年大计，水利工程关系到百姓的幸福，抗洪抢险更是人命关天。正因如此，水利工作者应该具有强烈的责任意识，要忠于职守，对国家、对人民、对历史高度负责。在水利工程建设中，不徇私，不护短，以确保工程质量为第一要务。另外，在重要时刻和危急关头，要勇于挺身而出，敢挑重担；在遇到事故时，不逃避现实，不推诿责任，这同样也是负责精神的体现。考诸中外治水历史，水利名人们无不具有高度负责的精神和敢挑重担的勇气。

负责精神首先是指在自己的岗位上忠于职守。对自己所从事的水利工作高度负责，也就是对国家、对人民、对历史的高度负责。三国时期的刘馥刚到扬州赴任时，由于战乱，扬州一片萧条，水利工程年久失修，荒凉残破。刘馥亲率百姓，重修了芍陂工程，另外还主持治理了茄陂和吴塘等小型水利工程，使成千上万逃往他乡的百姓重返家园，其子刘靖、其孙刘弘，秉承了刘馥高度负责的精神，也投身于水利事业。祖孙三代为水利事业作出了巨大贡献，被称为水利世家。唐代大诗人白居易在杭州刺史任上，见杭州一带的农田受到旱灾威胁，便排除重重阻力和非议，发动民工加高湖堤，修筑堤坝水闸，增加湖水容量，解决了数十万亩农田的灌溉问题。宋代文豪苏轼同样具有这样的负责精神，他主持修建的苏堤和白居易主持修建的白堤已成为西湖上的名胜。元代治水名臣赛典赤·瞻思丁行省云南诸路时，雨季时见滇池水位上涨，昆明城中时常水患成灾，便勉力治理滇池，终于根治水患，泽被昆明。明代著名的治河专家潘季驯4次出任“总理河道”，他一生治河，离职前仍对神宗皇帝说：“去国之臣，心犹在河。”拳拳之心，感人肺腑。

负责精神还指在重要时刻和危急关头，敢挑重担，以发展水利事业、造福黎民百姓为己任。北宋时期有一位经验丰富的老河工，名叫高超，他在庆历年间的一次黄河堵口工程中起了关键作用。当时在朝廷官员主持下，河工将“埽”（一种针对决口的大型堵塞物）置入决口之中，但屡堵屡败，决口越来越大。在危急关头，高超凭借其卓见，向官员建议，将长埽三分，逐节放入决口。但是，从朝廷官员到一些老河工，都对高超的建议加以反对。高超本着认真负责的态度和敢于承担重任的勇气，耐心地解释了自己的治水方案，他的建议最终被采纳，黄河决口由此才被堵住。我国近代著名的水利学家、教育家李仪祉在留学德国期间目睹了欧洲发达的水利事业，深感我国水利之破败不堪和凋敝落后，他以振兴祖国水利事业为己任，由德国皇家工程大学土木科改念柏林但泽大学，专攻水利。李仪祉把一生献给了中国的水利事业，弥留之际仍期盼后起同人，继续致力于水利事业。

（三）求实精神

水利是一门科学，而求实正是科学之灵魂。水利的求实精神就是要求水利工作者具有较高的科学文化素养、一丝不苟的工作作风，在充分尊重事实、尊重知识的基础上，坚持一切从实际出发，实事求是。水利工作者要树立科学的态度，严格按科学规律办事，只有如此，才能使水利事业健康发展；反之，不按科学规律办事，必定要受到自然的惩罚，水利事业也必将受到损害。水利工程技术难度大、使用周期长，直接关系到人民的利益，来不得半点虚假。因此，所采集的每一个数据，提出的每个方案，都要建立在调查研究的基础上。调查研究是求实的前提，只有深入、认真地进行调查研究，广泛听取各方面的意见，才能获得第一手资料，然后综合分析，得出正确的结论，作出符合实际的决策。另外，还应该具有整体性的战略眼光，具体到水利工程，应该从全局出发，将相互关联的地理位置进行综合考察，对相关的因素通盘筹划，这样才能事半功倍。古今中外的治水活动已经对此作出了充分的证明，历代水利名人的伟大实践，正是求实精神的集中体现。

求实精神首先体现在将治水方略、水利工程设计建立在调查研究的基础上。“没有调查就没有发言权”，没有调查就没有水利事业的成功。禹的父亲鲧面对黄河洪灾，没有经过很好的调查研究，只是简单沿用了先人共工氏“壅防百川，堕高堙痹”的方法，想通过单纯的防御抵抗洪水，但由于洪水的巨大冲击力，堤坝屡被冲毁。9年过去了，鲧耗费了无数人力、物力,洪水却依然肆虐。后来大禹完成了父亲的未竟之业。《史记·夏本纪》说禹"左准绳,右规矩","行山表木,定高山大川",也就是说,大禹经常带着测量工具,到各地勘察地形,测量水势。在艰苦而充分的实地勘察的基础上,大禹对父亲的治水策略进行了反思,他意识到"水有自然流势,只能因势利导",于是变壅防为疏导。经过13年兢兢业业、含辛茹苦的奋斗,终于赢得了治水事业的巨大成功。为了修建都江堰工程,李冰父子对岷江两岸多次进行实地考察,他们沿岷江逆流而上,行程数百里,亲自勘察岷江的水情、地势。在实地考察的基础上,李冰确定了治理岷江的周密方案。在经过一些试验后,都江堰工程终于建成,它经受住了2 000多年的考验,堪称水利史上的经典。北宋著名科学家沈括,为了疏浚汴渠,亲自测量了汴渠下游从开封到泗州淮河岸共八百四十里河段的地势,以"分层筑堰法"测得开封和泗州之间地势高度相差十九丈四尺八寸六分。可以说,历代水利名人无不高度重视调查研究。

求实精神还体现在将治水方略、水利工程设计建立在全局筹划的基础上。具有整体性的战略眼光,从全局出发,统筹规划,才能使水利实践活动事半功倍。早在2 200多年前,名将白起所修建的白起渠就曾以一渠穿五陂,灌溉了大片农田,长渠能够充分发挥各陂塘的调蓄作用,提高整个渠系的灌溉能力。由于蛮河水不断补给陂塘,各陂塘之间又可以互相调剂,从而克服了孤塘独陂水源得不到保证的困难,在成功解决了蓄水面积、陂塘容积和灌溉面积之间不平衡状况的同时,有效增强了灌区的抗洪能力,由此可见整体性战略眼光给水利工程带来的巨大创新。西汉时期的贾让曾提出"治河三策",其上策是人工改河,并在河畔低洼地区围堤成泽,用做河道的滞洪区。这种策略不是头痛医头、脚痛医脚的被动治河方案,而是将黄河的许多河段通盘考察,进行整体性的规划,从而在治河时化被动为主动。东汉时期的王景更是将治河与治汴联系起来,表里结合,标本兼治,使治河获得了成功。他认为"河为汴害之源,汴为河害之表,河、汴分流,则运道无患,河、汴兼治,则得宜无穷"。其他像明代周用的"沟洫治黄"、潘季驯的"束水攻沙"等治河策略,均注重事物之间的联系,将多种因素通盘筹划,体现出可贵的求实精神。

水利现代化建设除需要继承和发扬水利行业传统的踏实苦干精神外,还要求水利职工培养和发扬创新精神、科学精神。

(1)创新精神。面对精彩纷呈、日新月异的现实,水利职工必须摆脱传统观念的束缚和羁绊,推陈出新,紧跟时代的脚步,才能在改革的大潮中勇立潮头,跃上新高。因循守旧,固步自封,安于现状,不思进取,必将被不断发展变化的社会所淘汰。水利职工必须以积极创新、开拓进取的风貌去迎接机遇和挑战,坚决破除旧思想,树立新观念,积极探索,努力开创水利事业的新局面。

(2)科学精神。科学精神是人类精神中不朽的旋律,是人们在长期实践中积淀而成的最具科学理性的一种意识。它既是推动科学发展的一种精神力量,又是推动人们正确认识世界和改造世界的一种精神力量。未来世界各国的国力竞争,将越来越首先表现为科技实力的竞争,只有树立科学精神,掌握科学技术,才能更好地利用和开发自然,推动社会文明进步。

参考文献

[1] 中华人民共和国水利部. 中国水利[M]. 北京:中国水利水电出版社,2009.
[2] 水利部人事劳动教育司. 水利概论[M]. 南京:河海大学出版社,2002.
[3] 水利部办公厅,水利部发展研究中心. 水利改革发展 30 年回顾与展望[M]. 北京:中国水利水电出版社,2010.
[4] 张平仓,赵建,胡维忠,等. 中国山洪灾害防治区划[M]. 武汉:长江出版社,2009.
[5] 杨邦柱. 中国水利概论[M]. 郑州:黄河水利出版社,2009.
[6] 姜弘道. 水利概论[M]. 北京:中国水利水电出版社,2010.
[7] 冀春楼. 水利概论[M]. 郑州:黄河水利出版社,2004.
[8] 游琪. 中国水利概论[M]. 北京:中国水利水电出版社,1999.
[9] 郭雪莽,温新丽,苏万益,等. 中国水利概论[M]. 郑州:黄河水利出版社,1999.
[10] 唐克丽,等. 中国水土保持[M]. 北京:科学出版社,2004.
[11] 水利部,中国科学院,中国工程院. 中国水土流失与生态安全[M]. 北京:科学出版社,2010.
[12] 石自唐. 水利工程管理[M]. 北京:中国水利水电出版社,2009.
[13] 王礼先,朱金兆. 水土保持学[M]. 北京:中国林业出版社,2005.
[14] 彭斌,迟道才. 水法规与水行政管理教程[M]. 郑州:黄河水利出版社,2008.
[15] 全国人大常委会. 中华人民共和国水法[S]. 2002.
[16] 黄建初.《中华人民共和国水法》释义[M]. 北京:法律出版社,2003.
[17] 岳恒,陈金木. 新时期我国水利法制建设轨迹分析[J]. 水利发展研究,2007(5):4-6.
[18] 全国人大常委会. 中华人民共和国水污染防治法[S]. 1984.
[19] 全国人大常委会. 中华人民共和国水污染防治法[S]. 1996.
[20] 全国人大常委会. 中华人民共和国水污染防治法[S]. 2008.
[21] 中华人民共和国国务院.《中华人民共和国水污染防治法》实施细则[S]. 2000.
[22] 崔华平.《中华人民共和国水污染防治法》的修改与完善[J]. 法学杂志,2006(1):130-132.
[23] 张美红. 我国流域水污染防治的法律缺陷及法律完善[J]. 水利经济,2010,28(5):21-25.
[24] 柯坚,赵晨. 我国水污染防治立法理念、机制和制度的创新[J]. 长江流域资源与环境,2006,15(6):767-770.
[25] 冷罗生."水污染防治法"值得深思的几个问题[J]. 中国人口·环境与资源,2009,19(3):66-69.
[26] 陈勇. 循环经济理念下我国水污染防治的法律思考——兼论《水污染防治法》的修订[J]. 水利发展研究,2006(10):7-10,20.
[27] 朱丽,田义文. 完善水污染防治法的法律责任[J]. 环境污染与防治,2008,30(3):88-90.
[28] 周明玉. 我国水污染防治立法现状与创新研究[D]. 北京:中国地质大学,2009.
[29] 朱丽. 完善我国水污染防治法的研究[D]. 杨凌:西北农林科技大学法学院,2009.
[30] 孙佑海.《中华人民共和国水污染防治法》解读[M]. 北京:中国法制出版社,2008.
[31] 阎道宏. 我国水污染防治法律制度研究[D]. 长春:吉林大学,2011.
[32] 王晓娇. 我国水污染防治法律对策研究[D]. 长春:吉林大学,2011.
[33] 李宗新,靳怀堾,尉天骄. 中华水文化概论[M]. 郑州:黄河水利出版社,2008.
[34] 董文虎. 水利发展与水文化研究[M]. 郑州:黄河水利出版社,2008.
[35] 王如高,刘春田,陈家洋. 从历代水利名人治水实践谈水利精神的弘扬[J]. 河海大学学报:哲学社

会科学版,2008,10(2):27-29.

[36] 孟亚明,于开宁.浅谈水文化内涵、研究方法和意义[J].江南大学学报:人文社会科学版,2008,7(4):63-66.

[37] 万锋,麻林.水文化特质理论方法研究[J].水利发展研究,2011(1):72-76.

[38] 李宗新.简述水文化的界定[J].北京水利, 2002(3):44-45.

[39] 李宗新.再论水文化的深刻内涵[J].水利发展研究,2009(7):71-73.

[40] 尉天骄.水文化理论研究的方法论问题[J].海河水利, 2005(10):63-66.

[41] 郑大俊,王如高,盛跃明.传承、发展和弘扬水文化的若干思考[J].水利发展研究, 2009(8):40-44.